高等学校化学实验室安全基础

蔡　乐　主编

曹秋娥　罗茂斌　刘碧清　副主编

化学工业出版社

·北京·

《高等学校化学实验室安全基础》是云南大学化学科学与工程学院·药学院本科生和研究生进行化学实验室安全培训及安全准入考试的配套教材，部分内容也适用于其他需要进行化学实验课程教育的专业，比如生物科学、农学、环境化学等。

《高等学校化学实验室安全基础》全面地介绍了高等学校化学实验室的基本安全知识，共分6章，第1章主要介绍高校化学实验室的特点和安全保障措施，强调安全教育的重要性；第2章主要介绍化学实验室基本安全规范，包括实验室安全设计、实验室电气和消防安全、实验室安全装备及安全标识；第3章根据国家标准和《全球化学品统一分类和标签制度》介绍实验室危险化学品的危险特性及其储存；第4章介绍化学实验室基本操作要求、简单常见的化学实验操作以及常见化学设备的安全操作；第5章主要叙述化学实验室危险废弃物的分类和危害，以及废弃物处理的原则及方法；第6章讲解实验室常见伤害事故类型和相应的应急处理方法。每章后面均附有习题供学生练习。

《高等学校化学实验室安全基础》适合作为高等院校化学和化工相关专业进行安全教育方面的教材，也可供相关科研人员和技术工作者作为实验室安全管理的参考书籍。

图书在版编目（CIP）数据

高等学校化学实验室安全基础/蔡乐主编. —北京：化学工业出版社，2018.4（2023.4重印）
ISBN 978-7-122-31673-8

Ⅰ.①高… Ⅱ.①蔡… Ⅲ.①高等学校-化学实验-实验室管理-安全管理 Ⅳ.①O6-37

中国版本图书馆CIP数据核字（2018）第042836号

责任编辑：李 琰　　　　装帧设计：关 飞
责任校对：边 涛

出版发行：化学工业出版社（北京市东城区青年湖南街13号　邮政编码100011）
印　　装：大厂聚鑫印刷有限责任公司
787mm×1092mm　1/16　印张10¼　字数247千字　2023年4月北京第1版第7次印刷

购书咨询：010-64518888　　　　售后服务：010-64518899
网　　址：http://www.cip.com.cn
凡购买本书，如有缺损质量问题，本社销售中心负责调换。

定　　价：28.00元

《高等学校化学实验室安全基础》参加编写人员

主　　　编： 蔡　乐

副　主　编： 曹秋娥　罗茂斌　刘碧清

执 行 主 编： 李　雪　於文华　戴计强　徐　超

参加编写人员（按姓名汉语拼音排序）

蔡　乐（云南大学）

曹秋娥（云南大学）

陈　阳（遵义医学院珠海校区）

戴计强（云南大学）

邓　亮（昆明医科大学）

董建伟（曲靖师范学院）

李　雪（云南大学）

凌　剑（云南大学）

刘碧清（云南大学）

罗茂斌（云南大学）

谭　芳（云南大学）

徐　超（云南大学）

尹田鹏（遵义医学院珠海校区）

於文华（云南大学）

张世鸿（云南大学）

序 >>>

安全事故在人类文明发展过程中从来都不曾间断，自古以来，劳动者在生产过程中逐渐总结了很多安全生产的经验，《左传・襄公十一年》记载："居安思危，思则有备，有备无患。"告诫人们平时要预判危险，居安思危，做到有备无患。东汉荀悦也曾说到防患于未然，"先其未然谓之防，发而止之谓之救，行而责之谓之戒，防为上，救次之，戒为下。"明确提出，安全问题防重于治。

近年来，国家高度重视安全生产，对高校实验室安全也提出了很高的要求，要求高校防微杜渐，牢固树立安全意识，把安全事故消灭于萌芽阶段。在此背景下，云南大学成立实验室安全工作委员会，组织有经验的教师和管理人员编写《高等学校实验室安全基础》系列教材，包括化学类、物理与材料类、信息类和生物类等，本书即为该系列教材中的化学篇。

高等学校化学实验室是化学及相关学科专业本科生、硕士生和博士生培养的摇篮，是化学及相关学科研究的基地。随着我国高等教育事业的快速发展，开办化学专业的高等学校越来越多，绝大多数的理工类高校都开设化学及相关专业，很多学校也拥有独立的化学楼，化学学科蓬勃发展。然而，最近社会上对化学的偏见也大量出现和产生，原因主要有两个：第一，部分企业违规使用各种化学添加剂，加上自媒体的发展也导致了各种谣言散布，增加了民众对化学的抵触，某食品企业的广告中更是提出"不学化学"，以此宣扬拒绝化学添加；第二，近年来化学实验室安全事故层出不穷，产生了不良的社会影响，更加妖魔化了化学这个专业，致使高等学校化学专业的报考人数在近几年呈现下降趋势。要改变这些偏见，一方面需要化学知识的有效普及，另一方面需要对高校化学实验室进行行之有效的安全管理，最大程度上减少安全事故。

诚然，高校实验室人员流动大、探索性实验多、仪器设备多、危险化学品种类繁多，存在许多安全隐患，但只要做到防患于未然，化学实验室也可以是非常安全的。防患于未然需要什么？首先是安全意识，我从事化学相关工作60余年，见过大大小小的安全事故数十起，绝大部分是由于安全意识淡薄，疏忽大意所致，提高实验人员的安全意识必定能把安全事故发生的可能性大幅降低；其次是安全操作技能，部分事故的发生是源于实验人员操作技术欠缺，不能正确进行实验操作，或者违规操控设备，致使人员受伤或者设备损坏。要做到防患于未然，安全教育和培训必不可少，《高等学校化学实验室安全基础》正是一本涵盖安全意识培养和安全技能教育的实验室安全培训教材，该书在出版之前已连续两年作为内部教材用于云南大学本科生和研究生安全培训和安全准入考试，取得了较好的效果。我非常高兴看到本书出版，希望这本书能对高校化学实验室安全起到一些作用。

合抱之木，生于毫末，众人合力，百花齐放，才能真正提高化学实验室安全，促进化学学科健康发展。

云南大学化学科学与工程学院教授

中国工程院院士　陈景

2017 年 10 月 22 日于云南大学东陆园

前言

高等学校化学实验室是化学、化工及相关专业人才培养和科学研究的重要基地，在实验室里，本科生能够通过实验教学内容巩固课堂理论知识，掌握化学实验的基本操作方法，熟悉各种大型设备的操作技术；研究生能够通过探索性的科研实验发展新的化学方法和理论，拓展新的研究领域。然而，高校化学实验室因为人才培养和科学研究需要，经常使用各种类型的危险化学品和电气设备，往往涉及有毒、易燃易爆、腐蚀性、高温、高压、真空、辐射等多种危险因素，加之高校实验室人员更替频繁，化学类探索性实验风险难以准确预见，因此，高校化学实验室的安全管理是各大高校工作的重点内容之一。

近年关于高校化学实验室安全事故的调查结果显示，绝大部分的实验室安全事故是由人为因素引起的。人为因素中疏忽大意、安全意识不足是引发事故的主要原因，其次是操作不当，实验技能欠缺。加强安全知识培训，提高师生安全意识，是能够避免绝大部分的实验室安全事故的。

加强实验室安全管理，才能促进平安校园建设。云南大学非常重视实验室安全工作，坚持“防患于未然，安全工作重于泰山”，设有实验室设备与管理处和公安处对实验室安全进行专门的管理，并与各学院和研究单位签订实验室安全责任书，协助各学院定期组织消防知识培训和消防演练。化学科学与工程学院也历来重视实验室安全教育工作，开设有《实验室安全教育》及《化学中毒与急救》等课程，对所有进入化学实验室的同学，包括非化学学院的学生，都进行4个学时的安全教育，每个实验课组在开课前还需进行安全内容讲授，介绍各自实验的特殊安全内容。自2016年开始，在学校和实验室设备与管理处的支持下，学院开展了针对新入学本科生和研究生的安全教育和实验室安全准入考试的工作，取得了良好效果。总体来说，化学科学与工程学院在安全教育、安全培训课程和各类实验课程讲义中均有一些化学实验安全基础的板块和内容，但还不够系统。2015年，学院组织教师整理了《高等学校化学实验室安全手册》作为内部讲义以供学院安全教育之用，经过两届学生使用，取得了较好的效果。2016年底，在云南大学实验室设备与管理处和公安处的大力支持下，化学科学与工程学院组织教师经过将近一年的努力，将内部版的讲义编写整理，形成本书——《高等学校化学实验室安全基础》，该书既包含了化学实验室的基本安全知识，又涵盖了化学实验特有的基本操作安全，是化学化工及相关专业进行安全培训和考试的合适教材。

本书共分6章，各章编写人员为：第1章，蔡乐、罗茂斌；第2章，凌剑、刘碧清、李雪；第3章，尹田鹏、曹秋娥、邓亮、於文华；第4章，董建伟、蔡乐、戴计强；第5章，张世鸿、李雪、徐超；第6章，谭芳、曹秋娥、陈阳；蔡乐进行了统稿工作。也要特别感谢云南大学杨靖华、韦琨、刘金、刘鹏、马志刚、周皓以及周韬老师对原讲义的编写工作，感谢云南大学硕士研究生周地娇对书稿进行的大量校正工作。

本书的编写参考了现有的多部实验室安全方面的书籍，在此对这些文献和资料的原作者表示衷心的感谢。本书得到云南大学实验室设备与管理处、公安处和化学科学与工程学院的大力支持，在此表示感谢。本书中图片大量拍自云南大学化学化工国家级实验教学中心和云南大学化学科学与工程学院，感谢学院和实验教学中心师生的大力支持。

由于编写的时间和水平有限，书中疏漏与不妥之处在所难免，敬请读者批评指正。

编者

2017年11月

目 录

1 绪论

高等学校教育不同于中学教育，特别是高校理工专业培养计划中，实验、实训和实践课程比例非常高。以化学类专业的培养计划为例，其实验课程包括无机化学、分析化学、有机化学和物理化学等多门基础实验课程，另外还设有各类专业化学实验课程，实验课程门类非常多。除了本科教学中的化学实验课程外，化学类研究生教育以及大量的探索性科研实验就更加集中地在化学实验室中进行，据统计，化学实验室安全问题更多地来自于实验室研究人员，比如在2008年，美国加州大学洛杉矶分校有机化学实验室一位女研究助理在实验中取用丁基锂时药品发生自燃，由于未穿实验服，导致其穿戴的化纤类针织套衫被引燃，造成严重烧伤，最终不治身亡。很显然，化学实验室比其他实验室存在更多的安全隐患。各种惨痛的教训已经表明，实验人员安全意识淡薄是导致各类安全事故的主要原因，如果广大师生和研究人员高度重视安全工作，加强安全知识学习，提高应急救援能力，将安全防范落实到日常工作之中，必定能够减少实验安全事故的发生，降低实验事故的损失，这也是本书编写的主要目的。最近，教育部高等教育司也在积极开展高校实验室安全课题的研究，表明国家对高校实验室安全工作的高度重视。

1.1 高校化学实验室的特点

化学是一门实验性的学科，很多研究成果都必须通过实验获得，可以说化学实验室是化学学科发展的基石，也是化学人才培养的摇篮。高校化学实验室安全运行对整个高校的安全和稳定至关重要，是建设平安校园、构建和谐社会的重要保障。高校化学实验室主要具有以下四个特点。

(1) 化学品种类繁多，具有危险性

化学实验室中经常使用的化学品包括各种常见溶剂和化学试剂，种类繁多、性质各异。大部分有机溶剂都易燃，部分化学试剂会自燃，比如黄磷、丁基锂，存在火灾隐患；部分化学试剂易爆，比如三硝基甲苯；一些化学试剂有毒，比如氰化钾；还有一些试剂有腐蚀性，比如各种无机强酸。教学实验室在试剂购买时，可以通过统筹调整，避免部分高危试剂的使用，比如在做安息香辅酶合成时，采用维生素 B_1 替代氰化钾，虽然这会导致实验成本增加，却能大幅降低实验危险性。然而，科研实验室由于研究人员众多，在研各种不同的研究项目和课题，实验内容多变，导致所使用化学试剂类型非常多，包括一些剧毒的、少见的试剂，比如四氧化锇、三硝基铊和硫酸二甲酯等。因此，科研实验室具有更高的试剂危险性。

(2) 化学实验装置和设备种类多

化学实验室中要使用许多装置和设备，都有安全操作要求，在设备使用过程中存在安全隐患，人员使用前需要进行专门的培训和学习。教学实验室设备类型相对简单安全，但是普遍台套数多，可能导致电路过载。此外，学生多对设备不熟悉，指导教师需要有较高的业务能力和较强的责任心。科研实验室设备种类非常多，会使用到很多具有危险性的设备和装置，比如反应釜、高压灭菌锅、无水试剂处理装置、酒精喷灯、气瓶等。因此，对科研实验室设备的管理和使用具有很高的要求。

(3) 产生的废气、废液和废弃物多

化学实验会产生大量的废液和废弃物，而且很多实验室的废液很难做到分类收集，废液成分复杂，处理难度大，容易造成环境污染问题。废液和废弃物处理不及时或者处理不当也极易发生安全问题。很多化学实验会产生有毒有害气体，比如使用硝酸作为氧化剂时经常会在反应过程中产生氧化氮气体，具有强烈的刺激性，在实验过程中要设置吸收有毒气体的装置。此外，化学实验经常会产生大量的废旧试剂，也需要按规定进行回收和处理。

(4) 人员流动性大

化学作为一门重要的基础课程，在很多专业的培养体系中都是必修课程，比如环境科学相关专业、生命科学相关专业、材料科学相关专业及农学相关专业等。现在很多高校提出按大类培养本科生，势必将进一步导致更多专业的学生需要学习化学类课程，包括化学实验课程。而大部分学校的化学课程均由化学学院来承担，这就导致化学学院的本科教学实验室要承担大量的实验教学内容，学生类型多、批次多、人员流动较大。科研实验室以研究生为主体，还有每年进行科研训练的本科生，人员流动更加频繁，这给高校化学实验室的安全管理工作带来很大挑战。

1.2 高校化学实验室常见的安全事故

由于高校化学实验室的上述特点，导致其容易发生安全事故，事故类型主要有以下三种。

(1) 火灾

火灾是化学实验室最常见的事故，大的火灾事故很少发生，但小火灾事故却经常上演。导致火灾的原因主要有两个：一个是化学实验中使用的化学品易燃，比如石油醚、乙醚、乙醇等常用有机溶剂都非常容易燃烧，一些化学试剂会发生自燃，或者遇水剧烈燃烧等；另一个是电路问题，很多实验设备功率大，或者仪器台数多，很多化学实验室线路老化又改造困难，一旦出现电路过载或者短路，极易引发火灾。

(2) 爆炸

爆炸事故在化学实验室中也经常出现，很多具有突然性，极易造成重大伤亡。爆炸发生的原因主要有三个：首先是化学实验室中经常使用一些可燃性气体，比如氢气和一氧化碳等，在空气中达到一定浓度后遇明火引发爆炸；其次是一些化学试剂易爆，比如三硝基甲苯、苦味酸、硝酸甘油等；最后是有限空间内由于化学试剂与水接触引发燃烧甚至导致爆炸，比如云南某高校研究人员，在用水洗涤装有金属钠的瓶子时瓶子爆炸，导致严重受伤。

(3) 人身伤害

化学实验室中的人身伤害主要包括六种：①中毒，多由毒气泄漏和误食引起；②烫伤，化学实验室经常涉及加热操作、暴沸、液体飞溅和蒸汽溢出等，易导致人员烫伤；③灼伤，很多化学试剂具有腐蚀性，比如三氟乙酸、氢氟酸、浓硫酸等极易灼伤皮肤；④割伤，化学实验室大量使用玻璃器皿，此外，部分化学实验室还有玻璃工实验，容易导致割伤；⑤冻伤，化学实验室中经常使用液氮、液氦、干冰等，一旦接触会导致人员冻伤；⑥触电，设备漏电、电路老化、接地保护不利均可能导致实验人员触电。

1.3 高校化学实验室人员基本要求

高校化学实验室不仅是科学研究的第一线，也是化学人才培养的重要场所。进入高校化学实验室的人员并不都是熟练的实验人员，比如很多大学新生在之前的中学教育中并未接触较多的化学实验，高校化学实验室才是他们化学实验学习之路的开端。因此，为了保证实验安全，对即将进入化学实验室的人员都应进行安全培训，他们应该熟悉一般的安全知识，掌握安全规范操作，具体来说需要具有以下五个方面的基本能力。

(1) 具备良好的安全意识

据调查，几乎绝大部分的安全事故均由人员安全意识不足、疏忽大意造成，本章开头所述加州大学洛杉矶分校的女研究助理遇到的事故即是由于麻痹大意，未穿实验服所致。2005年1月，四川某高校博士研究生在夜间进行实验时，仪器设置错误，导致设备夜间起火，实验室整个被烧毁，这个事故的根源是该学生忽视了设备设置的细节，操作失误。2017年某大学化学实验室火灾，是由于插有天平、旋转蒸发仪和烘箱的插座开关没有关闭导致短路起火，共烧毁5间实验室，这些被烧毁的实验室内还存有废液，导致火灾发生时伴随小型爆炸，气味蔓延较广。经过数十名消防官兵、20多台消防车近两小时奋战，大火才被基本扑灭，但之后现场又发生复燃，消防再次出动才完全扑灭。这次事故中，夜间不关闭插座电源，不注意平时的电路检查是本次事故的主要原因；而废液不及时清理、不单独存放也是本次事故损失较大、影响较广的原因，这些问题都表明该实验室人员安全意识不足。因此，安全意识的培养是高校化学实验室安全工作的重中之重。

(2) 牢记人身安全第一

安全不仅是个人的事情，发生安全事故还会危及其他实验人员，使国家财产遭受损失，影响工作正常进行。但是所有实验人员应该牢记，在实验室中人身安全是第一位的，一旦发生事故，难以控制或危险度较高时，应当首先保证人员安全。人员伤亡会带给家人长期的伤痛，而且会产生恶劣的社会影响，让“我不要化学”这样的社会偏见更加凸显，也让所在高校承担极其重大的安全责任，乃至刑事责任。

(3) 了解一般的应急救护措施

了解实验室中容易发生的各种人身伤害相关的简单急救知识，遇到问题不要惊慌，要立即向指导老师报告。在老师不能及时到位时，要学会简单的应急处理方法。比如酸腐蚀灼伤需要用大量清水冲洗，再用弱碱液清洗；如果碱液溅入眼内，应立即用硼酸溶液清洗，再用洗眼器放大量水冲洗。实验中各种情况都有可能遇到，实验指导教师更应该具备多种应急处理能力和基本急救知识。

(4) 掌握一些实验室废弃物的基本处理方法

化学实验室肯定会产生大量的废气、废液和废弃物，对于实验过程中产生的废弃物，要掌握一些基本的处理方法，不仅要保持实验室不受影响，还要保证周边环境不受污染。很多实验废弃物是不能随意排放的，必须经过一定的前处理才可排放或者做进一步处理。2017年，某高校实验室，研究生在倾倒废弃试剂时将极少量硫酸倒入废液桶，由于短时间放热导致废液桶起火，幸亏多名师生奋力扑救才未产生更大灾害。所以实验人员了解废弃物的处理方法非常必要。

1.4 高校化学实验室安全保障措施

实际上，实验室安全事故的发生，90%以上属于人为因素，比如电路老化起火看似是客观原因，实际上加强电路检修是能避免电路老化起火的，实验室管理人员未能定期检修电路就表明其安全意识不足；某些爆炸看似偶然，其实也是因为疏忽大意，操作不当导致，对实验过程中潜在的危险性估计不足。要减少化学实验室安全事故，必须提高实验人员对实验室安全的重视。当然，实验室也应该做到规范管理，在减少安全隐患的同时，促进实验人员提高安全意识。实验室安全管理的原则就是要做到防患于未然，消除安全隐患，把安全工作做在前面。实验室安全管理工作的重点如下。

(1) 严格遵守实验室安全管理制度

实验室安全管理制度的建立是实验室安全管理过程中非常重要的环节，化学实验室应该按照国家相关规定和相关管理办法，结合各单位化学实验室的具体特点，制定严格有效的实验室安全管理制度及实施细则。加大实验室安全管理工作的力度，切实落实各项管理制度，要求进入实验室的人员务必遵守实验室安全管理制度。

(2) 建立完善的实验室安全责任体系

各级单位需要层层落实安全责任制，明确每个岗位和人员的职责，建立完善的评价及追责机制。高校必须成立由校长负责，分管副校长领导下的专门机构来实现对实验室安全工作的统一组织和领导，构建职责明确的学校、职能部门、学院和实验室四级安全管理责任体系（见图1.1）。一旦出现问题能追责到具体人员，提高管理和实验人员的责任心。

(3) 严格执行安全培训及实验室安全准入制度

实际上，大多数安全事故都是由于人员操作失误或者疏忽造成，事故发生后经常由于处置不当导致事态扩大，因此加强对人员的培训对于化学实验室安全来说是极端重要的。以云南大学化学科学与工程学院为例，通过多次组织专业消防院校进行消防安全知识培训及安全演练，大幅增强了师生的安全意识及对事故紧急处理的能力。近年来，很多高校都实行了实验室安全准入制度，比如北京大学、清华大学和浙江大学都是开展安全准入制工作比较早的学校。云南大学也于2016年开始实施实验室安全准入制度，新入学学生需要进行网上独立安全知识学习，参加安全准入制考试（见图1.2），考试合格后签订安全责任书，然后参加

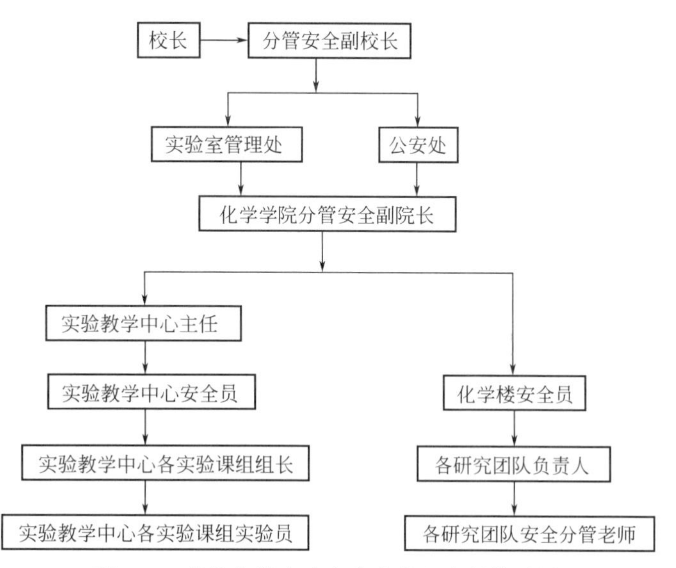

图 1.1　高校化学实验室安全管理责任体系图

图 1.2　云南大学实验室安全培训网站及考试现场

化学科学与工程学院统一组织的安全培训（4 学时），之后才能进入化学实验室进行学习。

（4）实验室设计及布局要合理

化学实验室应该按照化学专业类实验室规范和标准进行设计，设计时要考虑化学实验的特点及专业要求。要注意通风系统，避免毒气吸入事故的发生，应急逃生通道、安全通道应该畅通，消防设施要齐全，要采用双路供电，定期进行电路检查等。

（5）严格执行分类存放化学危险品制度

设立专门的化学品库房，根据化学危险品的性质进行分区、分类、分库储存，且应注意各类化学品的储放环境。各类危险品不得与禁忌物混合储存，每类危险品均应该有明显标志。使用废液安全柜存放实验室产生的化学废液、过期化学品、废旧特殊化学试剂等有害物质。气瓶应该存放于气瓶柜内。

（6）建立实验室应急预案

为了最大限度地减少化学实验室突发事件对实验室工作人员和环境的危害，降低其造成的社会影响，必须要建立化学实验室应急预案。实验室应该配备急救箱和应急救援的设备，要建立实验室发生火灾甚至爆炸等严重危害事故的应急处理方法，也要评估恶劣气候、地震、停电以及其他自然灾害或人为灾难发生时实验室的承受能力，并做好相应的准备工作。建立与当地消防部门和其他紧急反应部门的协调机制，加强工作人员训练，每年进行一次应急反应演习。

1.5 结　语

做好化学实验室安全工作是化学及相关学科进行正常科研工作和人才培养的重要保障，也是创建平安和谐校园的重要内容。实验室管理者务必要牢固树立“防危杜渐，警钟长鸣”的思想，认真抓好化学实验室安全管理工作，采取切实有效的管理方式，杜绝实验事故的发生。

1.6 练　习

1.6.1 判断题

（1）经验丰富且实验操作熟练的老师、博士生或高年级的硕士生做实验时为了提高效率，可根据经验灵活处理，不用死板遵守实验室规则。（　　）

（2）高等学校教育不同于中学教育，特别是高校理工专业培养计划中实验、实训和实践课程比例非常高。（　　）

（3）高校化学实验室化学品种类繁多，具有危险性，但是人员相对固定，做好一批实验人员的培训就可以很多年不用培训。（　　）

（4）建立完善的实验室安全责任体系是保障实验室安全的重要措施之一。（　　）

（5）化学实验室应该按照化学专业类实验室规范和标准进行设计，设计时要考虑化学实验的特点及专业要求。（　　）

（6）实验室安全管理的原则就是要做到防患于未然，消除安全隐患，把安全工作做在前面。（　　）

（7）实验室废弃物均由有资质的公司统一处理，实验人员不需要掌握处理方法。（　　）

（8）火灾是高校化学实验室常见的安全事故。（　　）

（9）实验室发生安全事故时要勇于担当，不能逃跑，否则会导致事态进一步扩大。（　　）

（10）严格执行安全培训及实验室安全准入制度能够减少实验室安全事故的发生。（　　）

1.6.2 单选题

（1）2008年，美国加州大学洛杉矶分校有机化学实验室一位女研究助理在实验中取用______时药品发生自燃，由于未穿实验服，导致其穿戴的化纤类针织套衫被引燃，造成严重烧伤，最终不治身亡。

A. 丁基锂　　B. 乙醇　　C. 氢气　　D. 氰化钠

(2) 进入高校化学实验室人员的基本要求，不正确的是______。

A. 具备良好的安全意识　　B. 必须是熟练的实验人员

C. 牢记人身安全第一　　D. 了解一般的应急救护措施

(3) 高校化学实验室常见的安全事故包括______。

A. 火灾　　B. 爆炸　　C. 人身伤害　　D. 以上都是

(4) 几乎绝大部分的安全事故均由______造成。

A. 人员安全意识不足、疏忽大意　　B. 线路老化

C. 操作失误　　D. 管理不善

(5) 关于实验室安全责任体系叙述错误的是______。

A. 各级单位需要层层落实安全责任制

B. 一旦出现问题能追责到具体人员

C. 不需要职能部门参与，学院直接对学校负责

D. 能够提高管理和实验人员的责任心

1.6.3 多选题

(1) 高校化学实验室主要具有以下______的特点。

A. 化学品种类繁多，具有危险性　　B. 化学实验装置和设备种类多

C. 产生的废气、废液和废弃物多　　D. 人员流动性大

(2) 关于建立实验室应急预案描述正确的是______。

A. 实验室应该配备急救箱和应急救援的设备

B. 要建立实验室发生火灾甚至爆炸等严重危害事故的应急处理方法

C. 要评估恶劣气候、地震、停电以及其他自然灾害或人为灾难发生时实验室的承受能力

D. 要建立与当地消防部门和其他紧急反应部门的协调机制

(3) 高校化学实验室安全保障措施包括______。

A. 严格遵守实验室安全管理制度

B. 建立完善的实验室安全责任体系

C. 严格执行安全培训及实验室安全准入制度

D. 对实验室设计及布局没有严格要求

(4) 安全培训及实验室安全准入制度的作用是______。

A. 增强人员安全意识　　B. 提高人员处理事故的能力

C. 减少安全事故发生　　D. 没有明确作用

(5) 关于化学实验装置和设备描述正确的是______。

A. 许多装置和设备有安全操作要求

B. 教学实验室设备类型相对简单安全，但是台套数多，可能导致电路过载

C. 化学实验室主要是试剂危险，设备很安全，不需专门培训

D. 科研实验室设备种类较多

2 化学实验室基本安全规范

高等学校化学实验室与普通的化学实验室不同，不仅具有普通化学实验设备，而且还有大量复杂、精密的大型仪器。因此，高等学校的化学实验室不是简单地在实验室内安装实验台面，摆放实验器皿，更不是将大型实验仪器直接放进实验室就可以的。化学实验室要成为安全、高效的培养专业人才、提供科研服务的平台，实验室必须要有完备的安全设施和安全制度，才能保证实验室的正常有序运行。在本章中，我们将从化学实验室的安全设计、化学实验室电气设备的配置和安全、化学实验室消防安全、化学实验室安全装备及实验室安全标识等方面介绍高等学校化学实验室在建设过程中的基本规范和要求。

2.1 化学实验室的安全设计

高等学校化学实验室不仅要具备实用性，还要具备防水、防火、防爆、防腐蚀的功能，此外还需具备良好的通风条件、消毒条件以及各种净化设施。化学实验室的整体工作环境不同于普通的实验室和办公环境，它有着更高技术层面的要求，不同研究领域实验室的需求差别也较大。根据国外高校实验室建设和管理的成功经验，结合国内高校的实际情况，高校化学实验室在规划、新建、改建或扩建时，一般应重点考虑以下几个方面。

2.1.1 结构与设计

化学实验室应为一、二级耐火建筑，禁止将木质结构或砖木结构的建筑作为化学实验室。化学实验室的开间一般在 3.2～3.6 米，进深一般为 8 米左右。对于有潜在爆炸危险的实验室（比如危险试剂、氢气气瓶等），应选用钢筋混凝土框架结构，并按照防爆设计要求来建设。化学实验室建设设计前要充分了解实验室的功能、专业方向、研究领域、规模，考虑实验用房的平面尺寸、所处的楼层、层高、通风产品及通风管道在房间的布局位置、尺寸、墙体窗户位置等因素，综合考虑排风管道、给排水管道、电线管路、燃气管路、空调管路、弱电管线等的走向和尺寸等。

实验室楼面荷载符合要求和规范。放置大型仪器的实验室的净层高为 3.0～4.5 米，且一般设在底层。普通实验室的净层高在 3.8 米左右。大实验室的门应采用双开门，门宽度大于 1.2 米，门应向疏散方向开启，以应对突发事件时人员的逃生。实验室需采用专业防盗门，不能使用木门，门上应有玻璃观察窗，便于进行安全观察。实验室的窗户窗台以不低于 1 米为宜，窗户应大开窗，以便于通风、采光和观察。化学实验室、药品室、仪器室、办公室、药品储藏室、气瓶室等必须分开，教师办公室、实验员办公室、学生自习室和休息室不得设在化学实验室内。

2.1.2 通风与采光

化学实验室在实验过程中，经常会产生各种有毒有害的气体，这些有害气体如不及时排出实验室，会造成室内空气的污染，影响实验室工作人员的健康和安全，影响仪器设备的精度和使用寿命，因此良好的通风系统是实验室不可或缺的重要组成部分。通风按动力划分，可分为自然通风和机械排风，化学实验室除采用良好的自然通风和采光外，常采用机械排风；按作用范围划分，通风又可分为全面通风和局部通风，下面将详细介绍这几种通风方式。

全面通风：为了使实验室内产生的有害气体尽可能不扩散到相邻房间或其他区域，可以在有毒气体集中产生的区域或实验室全面排风，进行全面的空气交换。当有毒有害气体排出整个实验室或区域时，同时有一定量的新鲜空气补充进来，将有害气体的浓度控制在最低范围，直至为零。常用的全面排风设施有屋顶排风、排风扇等。通常情况下，实验室通风换气的次数每小时不少于 6 次；发生事故后通风换气的次数每小时不少于 12 次。

局部通风：将有害气体产生后立即就近排出，这种方式能以较小的风量排走大量有害气体，效果好，速度快，耗能低，是目前实验室普遍采用的排风方式。实验室常用的局部排风设施有各种排风罩、通风柜、药品柜、气瓶柜等，目前用得最多的是各种通风柜。

对洁净度、温湿度、压力梯度有特定要求的各类功能实验室，应采用独立的新风、回风、排风系统。通风柜的排风系统应独立设置，不宜共用风道，更不能借用消防风道。通风柜的安装位置应便于通风管道的连接。为了防止污染环境或损害风机，无论是局部通风还是全面通风，有害物质都应经过净化、除尘或回收处理后方能向大气排放。

通风柜是实验室中最常用的局部排风设备，是实验室内环境的主要安全设施。其功能强、种类多，使用范围广，排风效果好。目前常用的通风柜有台式和落地式等款型，实验室根据需要配备。通风柜只有在正确使用的前提下才能提供有效保护，因此正确操作很重要。通风柜有较强的可变性通风量，它设有轻气、中气、重气通风口及导流板。轻气通风口设在通风柜的顶部，中气通风口设在导流板的中部，重气通风口设在导流板的下部与工作台面之间，利用移动玻璃门的进气气流的推动作用，将有害气体强行排入导流板内，在导流板内进行提速排放。通风柜的补气进气口设在前挡板上，当移动门完全封闭时可起到补气的功能。导流槽设置在背板和导流板的夹层之间，将通风橱内的有毒气体排入导流槽后，进行风速提速作用。通风柜顶部、底部和导流板后方的狭缝用于排出污染气体。这些狭缝通道需要一直保持一定的障碍，便于污染气体的排放。工作时尽量关上通风柜，移动玻璃视窗，防止柜内受污染的空气流出通风橱而污染实验室空气。通风柜的面风速一般在 0.5～1.0 米/秒，风速太低效果不好，风速太高会造成气流紊乱，影响正常通风效果。不要让通风柜内的化学反应处于长时间无人照看的状态，所有危害材料必须用标签清楚地、精确地标识。不要在通风柜内同时放置能产生电火花的仪器和可燃化学品，插座等必须安装在玻璃移动门外侧。

通风柜不是储藏柜，有物品堆放会减少空气流通和降低通风柜的抽气效率。通风柜内工作区域应保持清洁，不可将危险化学品长时间存放在通风柜内。有挥发性的试剂应该储存在有专门通风设备的储藏柜中，危险化学品只能储存在批准的安全柜内。在工作过程中，切不可将头伸进通风柜内。对于有爆炸或爆炸可能性的实验，需要在柜门内设置适当的遮挡物。实验过程中，实验人员必须始终穿戴合适的个体防护装备。

2.1.3 门禁和监控系统

实验室必须配备完善的门禁、监控系统。化学实验楼不是一般的教学单位，不能直接向所有人开放，使用智能门禁系统可以有效减少外来人员误入化学楼可能存在的各种潜在危险。使用智能门禁系统对进入化学实验楼的人员进行管理，仅对有一定化学安全基础知识背景的学生、教师等开放，对于接受过安全培训的人员限制性开放。

监控系统包括视频监控、火灾监控、气体泄漏监控等设备。对于特殊仪器设备可能使用的危险气体，可安装例如氢气、一氧化碳等可燃气体的探头，并具备报警功能。各种监控设备的信息统一汇总到实验楼的保卫室，以便于安保人员及时掌握化学实验楼的各种信息。

2.2 化学实验室电气设备的配置和安全

化学实验室中的电气设备与普通办公室和其他实验室有明显区别。电气装置的配置、仪器的安装与使用都应有特别的要求和规范。化学实验室的设备故障、电气着火、人身触电等大多是由电气设备的配置不当和实验人员对电器的使用不当引起的。因此，化学实验室的电气配置和电器使用安全非常重要。

2.2.1 实验室配电系统

实验室的配电系统是根据实验仪器和设备的具体要求，经过专业的设计人员综合多方面因素设计完成的，与普通建筑有很大区别。因为实验室仪器设备对电路的要求比较复杂，并不是通常人们所认为的那样，只要满足最大电压和最大功率的要求就可以了。对配电系统的设计，不但要考虑现有的仪器设备情况，同时也要考虑实验室未来几年的发展规划，充分考虑配电系统的预留问题及日后的电路维护等问题。为了保证电力的可靠保障，还应考虑不间断电源或双线路设计，不间断电源的容量应符合实际所需并保证一定可扩增区间以满足未来的发展所需。

一般情况下，每一间实验室内都要有三相交流电源和单相交流电源，要设置总电源控制开关，以便实验室无人时，能选择性地切断室内电源。室内固定装置的用电设备（例如烘箱、恒温箱、冰箱等），如果是在实验进行中使用这些设备，而在实验结束时就停止使用的，可连接在该实验室的总电源上；若实验停止后仍需运转的，则应有专用供电电源，不至于因切断实验室的总电源而影响其工作。

每间实验室的实验台面上都要设置一定数量的电源插座，至少要有1个三相插座，单相插座则可以设2～4个。这些插座应有开关控制和保险设备，万一发生短路时不致影响整个室内的正常供电。插座可设置在实验桌上或桌子边上，但应远离水池、煤气、氢气等。在实验室的四面墙壁上，配合室内实验桌、通风柜、烘箱等的布置，在适当地方要安装多处单相和三相插座，以使用方便为原则。

化学实验室因有腐蚀性气体，配电导线以采用铜芯线较合适。至于敷线方式，以穿管暗敷设较为理想，暗敷设不仅可以保护导线，而且使室内整洁，不易积尘；并使检修更换方便。一般地说，化学实验室使用的电气设备容量较小。当实验室正式使用以后，有可能会发现供电容量不够大，因此在对实验室的供电设计中必须在供电容量方面留有余地。

化学实验室内使用高压电或大电流的仪器较为普遍，使用高压电，尤其是500伏特以上的设备时，有如下注意事项。

① 要有特别的高压保护罩，有良好的接地线。

② 如在一般实验桌上操作，最好围起来，挂有警告板，使其他人员周知。

③ 实验桌绝缘良好，一切金属管都内藏。

④ 开关、控制都在桌边方便的地方，操作人员不用越过电器操作。

⑤ 不能用试电笔去试高压电，使用高压电源应有专门的防护措施，要穿绝缘鞋、戴绝缘手套并站在绝缘垫上。

2.2.2 实验室电器设备的安全配置

2.2.2.1 电器的接入原则

高校实验室一般有许多用电设备，如计算机、空调、电子仪器、机电设备等，总功率往往大到几千瓦以上。有的设备需要220V，有的则需要380V供电，因此不但要考虑供电电压，还需考虑电源负荷的大小，这是电源接线时必须考虑的因素，以免影响各种电器设备的使用。如果条件许可，那么最好考虑架设电源专线，直接从实验室所在楼栋的主配电箱上取电，同时做好防雷处理。

考虑到实验室仪器设备以后可能会增加，故可选择更粗一些、电流承载容量更大一些的电源线。有的实验室如网络机房等，电脑朝一个方向放置，电脑桌成排放置，虽然既美观好看，又能满足教学上课的需要，但会给安全用电带来了隐患。每台电脑都需要电源，而设备的电源线长度有限，每个接线板只能接1～2台电脑，为了给所有设备供电，一般就是一个接线板接一个接线板这样串联下去，这样势必造成第一、二级接线板负载过大，容易造成线路发热而引发火灾。解决的办法：每隔2米左右接入一个10安培的五孔插座作为一个电源节点，再用接线板接入，这样可为4～5台电脑供电。然后，按实际情况将10～16台电脑分为一个组，每组由一个空气开关控制，整个机房可分4～6个组，同时还要做好三相负载平衡，这样就可保证不会因开机电流过大或负载不平衡而导致实验室电源跳闸。

为避免不同负载之间的相互干扰，实验室的照明用电、空调用电和仪器设备用电等最好分开布线。如果电线安全承载流量不够，很容易引起电线发热，加速老化而导致火灾。所以应根据实验室的总功率和每项负载所需功率来选择导线布线，线径要比实际要求粗一些。

2.2.2.2 电器的接地保护

安全保护接地线是避免发生触电伤亡事故的一种有效手段。但是，由于缺乏安全用电知识和为了节省资金，许多实验室未安装保护接地线或将保护接地线改为保护接零线，使实验室存在触电隐患。

保护接地的工作原理为：当带金属外壳的用电设备发生漏电，使金属外壳带电，将会有强大的漏电电流通过保护接地线形成回路，使漏电开关或火线上的熔断器启动，切断电源，避免发生触电伤亡事故。如果不接保护接地线，人触及漏电的用电设备的金属外壳，就会发生触电伤亡事故。实验室如果不采用接地保护，而采用保护接零，不但不能杜绝触电事故发生，而且还增加了触电的可能性。

实验室设备大多是单相三极插头，一根火线，一根零线，一根地线，将设备的地线与实验室设备整体地线连接起来，一旦设备外壳带电，由于接地电阻远小于人体电阻，绝大部分电流将从接地线上流入大地，通过人体的电流会远小于安全电流值，从而保障了人身安全。所以，实验室插座必须是三孔插座，如使用活动的接线板也必须有接地线，否则就算是铺设了接地线，设备外壳也未必是真正的接地。同时注意使保护接地线的线径不小于相线的线径，并且保证与大地良好的连接。

2.2.2.3 电器的防静电保护

静电是在一定的物体中或其表面上存在的电荷。一般 3～4kV 的静电电压就会使人产生不同程度的电击的感觉。实验室的设备部分大多有电子元器件，对静电非常敏感，电子元件容易受静电的影响而发生性能的下降和不稳定，从而引发各种故障。静电不仅会造成设备运行出现随机故障，减短电子设备的使用寿命，而且还会破坏仪器内部元件，导致误操作，严重的会烧毁有关电子元器件和整个电路板，引发火灾，造成设备损坏和人员伤害。

实验室最关键的防静电措施就是确保实验室仪器设备接地良好，做好保护接地，让静电随时流入大地。除此之外，还应注意两个问题：第一是保持实验室室内整洁卫生，由于静电的力学效应，静电吸附很容易使工作场所的悬浮尘埃吸附在电子器件的芯片表面，从而影响半导体器件的良好性能，因此应保持实验室的整洁卫生；第二是要控制实验室的温度和湿度，温度和湿度对静电的影响很大，当室温在 20℃左右，相对湿度在 60%左右时，静电就难以产生，有条件的情况下，可以使用空调调节室温，利用加湿器控制室内湿度，来防止静电的产生。

2.2.2.4 电器触电防护

(1) 不用潮湿的手接触电器。

(2) 电源裸露部分应有绝缘装置（例如电线接头处应裹上绝缘胶布）。

(3) 所有电器的金属外壳都应保护接地。

(4) 实验时，应先连接好电路后才接通电源。实验结束时，先切断电源再拆线路。

(5) 修理或安装电器时，应先切断电源。

(6) 不能用试电笔去试高压电，使用高压电源应有专门的防护措施。

(7) 如有人触电，应迅速切断电源，然后再进行抢救。

2.2.2.5 电器火灾防护

(1) 使用的保险丝要与实验室允许的用电量相符。

(2) 电线的安全通电量应大于用电功率。

(3) 室内若有氢气、煤气等易燃易爆气体时，应避免产生电火花。电器工作和开关电闸时，易产生电火花，要特别小心。电器接触点（如电插头）接触不良时，应及时修理或更换。

（4）如遇电线起火，应立即切断电源，用沙或二氧化碳、四氯化碳灭火器灭火，禁止用水或泡沫灭火器等导电液体灭火。

2.2.3 实验室电器使用注意事项

实验室电气系统的配置和电器的接入除了按照以上的基本原则进行外，实验室人员在使用和操作电器时还应有如下注意事项。

（1）使用动力电前，先了解电器仪表要求使用的电源是交流电还是直流电；是三相电还是单相电以及电压的大小（380V、220V或110V）。必须弄清电器功率是否符合要求及直流电器仪表的正、负极。使用动力电时，应先检查电源开关、电机和设备各部分是否良好。

（2）启动或关闭电器设备时，必须将开关扣严或拉妥，防止似接非接状况。使用电子仪器设备时，应先了解其性能，按操作规程操作，若电器设备发生过热现象或发出异味时，应立即切断电源。

（3）人员较长时间离开房间或电源中断时，要切断电源开关，尤其是要注意切断加热电器设备的电源开关。

（4）电源或电器设备的保险烧断时，应先查明烧断原因，排除故障后，再按原负荷选用适宜的保险丝进行更换，不得随意加入或用其他金属线代替。

（5）实验室的定碳炉、硅碳棒高温炉，均应设安全罩，应加接地线设备，妥善接地，以防止触电事故。

（6）注意保持电线和电器设备的干燥，防止线路和设备受潮漏电。

（7）实验室内不应有裸露的电线头，电源开关箱内，不准堆放物品，以免触电或燃烧。

（8）要警惕实验室内发生电火花或静电，尤其在使用可能构成爆炸混合物的可燃性气体时，更需注意。

（9）没有掌握电器安全操作的人员不得擅自改动电器设施，或随意拆修电器设备。

（10）使用高压动力电时，应遵守安全规定，穿戴好绝缘胶鞋、手套，或用安全杆操作。

（11）在电器仪表使用过程中，如发现有不正常声响、局部温升或嗅到绝缘漆过热产生的焦味，应立即切断电源，并报告维护人员进行检查。

2.3 化学实验室消防安全

2.3.1 消防基础知识

（1）燃烧的条件

可燃物与氧化剂作用发生的放热反应，通常伴有火焰、发光和发烟的现象，称为燃烧。燃烧必须具备三个必要条件：可燃物、氧化剂和温度，同时具备这三个条件称为无焰燃烧，当燃烧发生时，上述三个条件必须同时具备，如果有一个条件不具备，那么燃烧就不会发生。燃烧的充分条件是：可燃物、氧化剂、温度和未受抑制的链式反应，同时具备这四个条件称为有焰燃烧。

(2) 火灾的定义和分类

我们把在时间和空间上失去控制的燃烧所造成的灾害，称为火灾。根据国家规定的（GB/T 4968—2008）火灾分类，火灾现场根据可燃物的类型和燃烧特性，可分为A、B、C、D、E、F六类。

A类火灾指不可熔化的固体物质火灾，如：木材、毛、麻等引发的火灾；

B类火灾指液体火灾和可熔化的固体物质火灾，如：汽油、煤油、乙醇、沥青、石蜡等引发的火灾；

C类火灾指气体火灾，如煤气、天然气、甲烷、氢气等引发的火灾；

D类火灾指金属火灾，如：钾、钠、镁、铝镁合金等引发的火灾；

E类火灾：指带电火灾。如：物体带电燃烧引发的火灾；

F类火灾：指烹饪器具内的烹饪物（如动植物油脂）引发的火灾。

火灾按燃烧现象来分类，可分为闪燃、阴燃、爆燃和自燃：闪燃是指在液体或固体表面上产生足够的可燃气体，遇火能产生一闪即灭的燃烧现象；阴燃是指没有火焰的缓慢燃烧现象，成捆的棉麻堆垛、纸张及煤、草、湿木材等在长期存放受潮发霉后易发生这类火灾；爆燃是指以亚音速传播的爆炸，爆炸的传播速度可达每秒几十米甚至百米；自燃是指可燃物在没有外部明火等火源的作用下，因受热或自身发热并蓄热所产生的自行燃烧现象，如：黄磷自燃、性质相抵触的化学品混存自燃、煤自燃等。

(3) 发生火灾时造成热传播的途径

发生火灾时所造成的热传播有热传导、热对流、热辐射三种途径。热传导是指热量通过直接接触的物体，从温度高的部位传递到温度较低的部位的过程；热对流是指热量通过流动介质，由空间的一处传播到另一处的现象；热辐射是指以电磁波形式传递热量的现象。在这三种传导途径中，热对流是影响初期火灾发展的最主要方式，影响热对流的主要因素是：温差、通风孔洞的面积以及通风孔洞所在的高度；当火灾处于发展阶段时，热辐射成为热传播的主要方式，热辐射传播的热量与火焰温度的四次方成正比。

2.3.2 火灾的预防

(1) 排除发生火灾爆炸事故的物质条件

排除发生火灾爆炸事故的物质条件，即控制可燃物、防止形成火灾和爆炸的介质。通常需要注意以下几方面：①在易燃易爆化学物品生产、储存、运输、使用等工作中，防止泄漏、扩散或与空气形成爆炸性混合气体；②在可能积聚可燃气体、蒸气、粉尘的场所，设通风除尘装置；③在房屋装修装饰过程中，尽量避免使用可燃易燃材料，建筑物内尽量少堆放或不堆放可燃易燃物品等。

(2) 控制和消除一切点火源

控制和消除一切点火源，主要有以下方法：①消除明火，例如：危险场所严禁携带烟火，不得使用明火作业和用电炉加热等；②消除电器火花，例如：必须使用有中国电工“工”字标志和国家3C产品强制认证“CCC”标志的合格电器产品，电器在不使用时应当断电并拔下电源插头，电源线路应穿管保护，电源插座应当固定，严禁私拉乱接电线，在易燃易爆场所选用防爆型或封闭式电器设备和开关等；③防止静电火花，例如严禁穿化纤衣服进入易燃易爆场所，保持设备静电接地良好等；④防止雷击，例如安装必要的防雷设施，在无人时关闭室内电源的空气开关，拔下不使用的电器插头，避免雷击或雷电感应打火等；⑤防止摩擦撞击打火，例如在易燃易爆场所严禁使用铁制工具、穿带钉鞋等；⑥避免暴晒、高温烘烤、故障发热或化学反应发热等。

(3) 控制火势蔓延的途径

控制火势蔓延的主要途径有：在易燃易爆化学物品储存仓库之间、油罐之间留出适当的防火间距。设置防油堤、防液堤、防火水封井、防火墙；在建筑物内设防火分区、防火门窗等。

(4) 限制爆炸波的冲击、扩散

限制爆炸波的冲击、扩散的主要措施有：在有可燃气体、液体蒸气和粉尘的实验室设泄压门窗、轻质屋顶；在有放热、产生气体、形成高压的反应器上安装安全阀、防爆片；在燃油、燃气、燃煤类的燃烧室外壁或底部设置防爆门窗、防爆球阀；在易燃物料的反应器、反应塔、高压容器顶部装设放空管等。

2.3.3 火灾预警和报警

火灾自动报警系统是建筑物内的重要消防设施，是现代消防不可缺少的安全技术措施。火灾自动报警系统能在火灾初期，将燃烧产生的烟雾量、热量、光辐射等物理量，通过火灾探测器转变成电信号，传输到火灾报警控制器，并同时显示出火灾发生的部位、时间等，使人们能够及时发现火灾，采取有效措施进行扑救，最大限度地减少因火灾造成的生命和财产的损失。有关资料统计表明，安装了火灾自动报警系统的场所，且报警系统运行正常，一般都能及时了解灾情，明显减少火灾的损失。

火灾自动报警系统由火灾触发器件、火灾警报装置、火灾报警控制器和消防联动控制系统等组成。火灾自动报警系统可以和自动喷水灭火系统，室内消火栓系统，防、排烟系统，通风系统，防火门等相关设备联动，自动或手动发出指令以启动消防设备。

(1) 火灾触发器件

火灾触发器件是指通过自动或手动方式向火灾报警控制器传送火灾报警信号的器件，包括火灾探测器和手动火灾报警按钮。手动火灾报警按钮是以手动方式发出报警信号、启动火灾自动报警系统的器件，是火灾自动报警系统的重要组成部分。一般设置在公共活动场所出入口处距地面高度约为1.3～1.5米的墙面上。火灾发生时，压下按钮即可向火灾报警控制器发出报警信号。系统响应后，火警灯即亮，控制器发出声光报警并显示出火灾报警按钮的位置。

火灾探测器是火灾自动报警系统的“感觉器官”，是通过监测火灾发生后火灾参数的变化向控制器传递报警信号的一种器件。火灾探测器可分为感温式、感烟式、感光式、可燃气体式和复合式五种。不同类型的火灾探测器适用于不同类型的火灾和场所，其中感温式和感烟式是我国用量较大的两种探测器。

① 感温式火灾探测器　这是一种响应异常温度、升温速率和温差的火灾探测器。感温探测器利用感温元件接收被监测环境或物体对流、传导、辐射传递的热量，并根据测量、分析的结果判定是否发生火灾。感温探测器工作比较稳定，不受非火灾性烟尘雾气等干扰，误报率低，可靠性高。感温探测器按其性能可分为定温式、差温式、差定温式探测器。定温式火灾探测器是一种对警戒范围内某一点的温度达到或超过预定值时响应的火灾探测器，常用

的有双金属型、易熔合金型和热敏电阻型等类型。定温式火灾探测器一般适用于环境温度变化较大或环境温度较高的场所。

差温式火灾探测器是当环境的升温速度超过特定值时，便会感应报警的一种探测器。差温式火灾探测器适用于火灾发生后温度变化较快的场所。

② 感烟式火灾探测器　它是用于探测火灾初期的烟雾浓度的变化，并发出报警信号的探测器。感烟式火灾探测器可分为点型火灾探测器和线型火灾探测器，其中，点型火灾探测器又包括离子感烟探测器和光电感烟探测器，线型火灾探测器又包括红外光束感烟探测器和激光感烟探测器。

离子感烟探测器（见图 2.1）中有一个电离室和放射源，放射源电离产生的正、负离子，在电场的作用下各向负、正电极移动，一旦有烟雾窜进外电离室，干扰了带电粒子的正常运行，使电流、电压有所改变，破坏了内外电离室之间的平衡，探测器就会对此产生感应，发出报警信号。

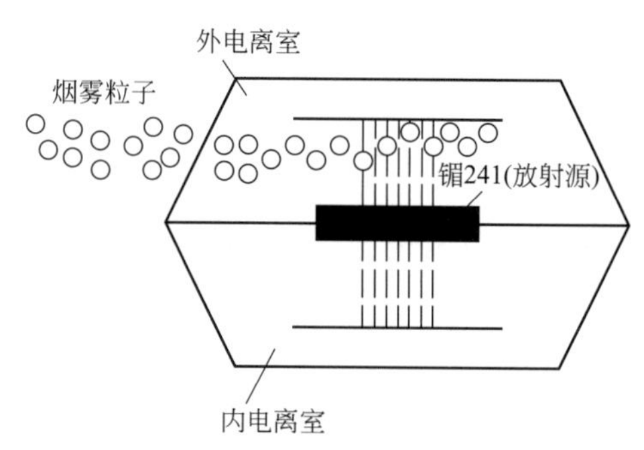

图 2.1　离子感烟探测器及其作用原理

光电感烟探测器有一个发光元件和一个光敏元件，从发光元件发出的光通过透镜射到光敏元件上，电路维持正常。如有烟雾从中阻隔，到达光敏元件上的光就会显著减弱，于是光敏元件就把光强的变化转换成电流的变化，通过放大电路发出报警信号。

红外光束感烟探测器是利用烟雾离子吸收或散射红外光束的原理对火灾探测器进行检测。正常情况下，发射器发出的红外线光束被接收器接收，当有火情时，烟雾扩散至红外线光束通过的空间，对红外线光束起到吸收和散射的作用，使接收器接收的光信号减少，从而发出火灾报警信号。

激光感烟探测器是利用光电感应原理，不同的是光源改为激光束。这种探测器采用半导体元件，具有体积小、价格低、耐震强、寿命长等特点。

感烟式火灾探测器主要适用于发生火灾后产生烟雾较大或可能产生阴燃的场所，如办公室、机房、库房、资料室等。在实验室配置时，可根据实验室的类型、存放物品的性质等选择探测器的类型，以保证有效快速地探测火情。

（2）火灾警报装置

当火灾触发器件探测到火灾时，第一时间发出声、光的火灾警报信号的装置称为火灾警报装置。该装置一般设在各楼层靠近楼梯的出口位置。声光报警器是一种最基本的火灾警报装置，它以声、光音响方式向报警区域发出火灾报警信号，使楼内人员安全疏散，并积极采取灭火救火措施。

2.3.4 灭火的基本原理

火灾发展都有一个从小到大、逐步发展直至熄灭的过程，这个过程一般分为初期、发展、猛烈、下降和熄灭五个阶段。

火灾初期阶段的特征是：燃烧面积不大、火焰不高、辐射热不强，烟和气体流动缓慢，燃烧速度不快，初期阶段是扑救火灾的最佳阶段。火灾发展阶段的特征是：随着燃烧时间的延长，环境温度升高，火灾周围的可燃物质和建筑构件被迅速加热，气体对流增强，燃烧速度加快，燃烧面积逐渐扩大。火灾猛烈阶段是指：由于燃烧时间继续延长，燃烧速度不断加快，燃烧面积迅速扩大，燃烧温度急剧上升，气体对流达到最快速度，辐射热很强，建筑构件的承重能力急剧下降。根据火灾发展的阶段性特点，我们在灭火扑救的过程中，要抓紧时机，正确运用灭火原理，有效控制火势，力争将火灾扑灭在初期阶段。

(1) 冷却灭火

使可燃物质的温度降到燃点以下从而使燃烧自动终止的灭火方法称为冷却灭火。在实际应用时，用水灭火应用的是冷却灭火原理。

(2) 隔离灭火

将燃烧物与附近的可燃物隔离或分散开，使燃烧停止的灭火方法称为隔离灭火。在实际应用时，在火灾中通过关闭管道阀门，切断流向着火区域的可燃气体和液体，转移受到火焰烧烤、辐射的可燃物，拆除与火源毗连的易燃建筑物等都运用了隔离灭火原理。

(3) 窒息灭火

根据可燃物质发生燃烧需要足够的空气（氧气）这个条件，采取适当措施来防止空气流入燃烧区，或者用惰性气体稀释空气中的氧含量，使燃烧物因缺乏或断绝氧气而熄灭，这种灭火方法叫窒息灭火。窒息灭火适用于扑救封闭性较强的空间或设备容器内的火灾，但在运用时要防止在灭火空间内的扑救人员因缺氧或吸入过量惰性气体和有毒有害烟气而窒息或中毒。在实际应用时，采取湿棉被、湿帆布等不燃或难燃材料覆盖燃烧物灭火或封闭孔洞，用水蒸气或惰性气体充满燃烧区灭火等措施，都运用了窒息灭火的原理。

(4) 抑制灭火

使用灭火剂参与燃烧的链式反应，使燃烧过程中产生的自由基快速消失，形成稳定分子或低活性的自由基，进而使燃烧反应停止的灭火方法称为抑制灭火。在实际应用时使用干粉灭火器、泡沫灭火器等，运用了抑制灭火的原理。

2.3.5 常用灭火器设备及使用方法

2.3.5.1 消火栓系统

消火栓系统是一种使用广泛的消防系统，绝大多数公众聚集场所都设有这种消防系统。消火栓系统按安装位置可分为室内消火栓系统和室外消火栓系统。

(1) 室内消火栓

室内消火栓系统是建筑物内一种最基本的消防灭火设备，主要由室内消火栓、消防水箱、消防水泵、消防水泵房等组成（见图 2.2）。

图 2.2　消防水泵系统和室内消火栓

室内消火栓设在消火栓箱内，是一种箱状固定式消防装置，具有给水、灭火、控制和报警灯功能。它由箱体、消火栓按钮、消火栓接口、水带、水枪、消防软管卷盘及电器设备等消防器材组成。室内消火栓按安装方式不同，可分为明装式、暗装式和半暗装式三种类型。室内消火栓应设在走道、楼梯口、消防电梯等明显、易于取用的地点附近。消火栓栓口离地面或操作基面高度宜为 1.1 米，栓口与消火栓内边缘的距离不应影响消防水带的连接，其出水方向宜向下或与设置消火栓的墙面成 90°角。室内消火栓安装时应保证同层任何位置两个消火栓的水枪充实水柱同时到达，水枪的充实水柱经计算确定。同一建筑物内应采用统一规格的消火栓、水枪、水带，每根水带的长度不应超过 25 米。消火栓箱内的消火栓按钮具有向报警控制器报警和直接启动消防水泵的功能。现场人员可通过击碎按钮上的玻璃，按下按钮向控制器报警并启动消防水泵。

当有灾情发生时，根据消火栓箱门的开启方式，用钥匙开启箱门或击碎门玻璃，扭动锁头打开。如果消火栓没有“紧急按钮”，应将其下的拉环向外拉出，再按顺时针方向转动旋钮。打开箱门后，取下水枪，按动水泵启动按钮，旋转消火栓手轮，铺设水带进行射水灭火。

维护和保养室内消火栓应注意以下几点：①定期检查消火栓是否完好，有无生锈、漏水现象；②检查接口垫圈是否完整无缺，消火栓阀杆上应加注润滑油；③定期进行放水检查，以确保火灾发生时能及时打开放水；④消火栓使用后，要把水带洗净晾干，按盘卷或折叠方式放入箱内，再把水枪卡在枪夹内，装好箱锁，关好箱门；⑤定期检查卷盘、水枪、水带是否损坏，阀门、卷盘转动是否灵活，发现问题要及时检修；⑥定期检查消火栓箱门是否损坏，门锁是否开启灵活，拉环铅封是否损坏，水带盘转杆架是否完好，箱体是否锈死。

除了室内消火栓，消防水箱和消防水泵也是常见的消防设施。消防水箱可分区设置，一般设在建筑物的最高部位，是保证扑救初期火灾用水量的可靠供水设施。消防水箱储水量根据实验面积计算确定。消防水泵为室内消火栓的核心系统，消防水泵的配置必须考虑水泵的压力、电源的配置等因素，以保证有火灾时，随时可以供水。

(2) 室外消火栓

室外消火栓与城镇自来水管网连接，它既可以供消防车取水，又可以连接水带、水枪，直接出水灭火，一般由专业人员负责检查使用。室外消火栓可分为地上消火栓和地下消火栓两种，地上消火栓适用于气候温暖的地区，而地下消火栓则适用于气候寒冷的地区。

① 地上消火栓　地上消火栓主要由弯座、阀座、排水阀、法兰接管启闭杆、车体和接口等组成。在使用地上消火栓时，把消火栓钥匙扳手的扳头套在启闭杆上端的轴心头之后，按逆时针方向转动消火栓钥匙，阀门即可开启，水由出口流出。按顺时针方向转动消火栓钥匙时，阀门便关闭，水不再从出水口流出。

地上消火栓进行的日常维护和保养工作主要有以下几项：a. 每月和重大节日之前，应对消火栓进行一次检查；b. 及时清除启闭杆端周围的杂物；c. 将专用消火栓钥匙套于杆头，检查是否合适，并转动启闭杆，加注润滑油；d. 用纱布擦除出水口螺纹上的积锈，检查门盖内橡胶垫圈是否完好；e. 打开消火栓，检查供水情况，要放净锈水后再关闭，并观察有无漏水现象，发现问题及时检修。

② 地下消火栓　地下消火栓和地上消火栓的作用相同，都是为消防车及水枪提供高压力供水，所不同的是，地下消火栓安装在地面下。正是因为这一点，地下消火栓不易冻结，也不易被损坏。地下消火栓的使用可参照地上消火栓进行。但由于地下消火栓目标不明显，故应在地下消火栓附近设立明显标志。使用时，打开消火栓井盖，拧开闷盖，接上消火栓与吸水管的连接口或接水带，用专用扳手打开阀塞即可出水，使用后要恢复原状。

2.3.5.2　灭火器

(1) 常见的灭火器

灭火器是火灾初期最有效地终止火灾的消防装置，灭火器的种类很多，分类也很多，不同的灭火器用于扑灭不同类型的火灾（见图 2.3）

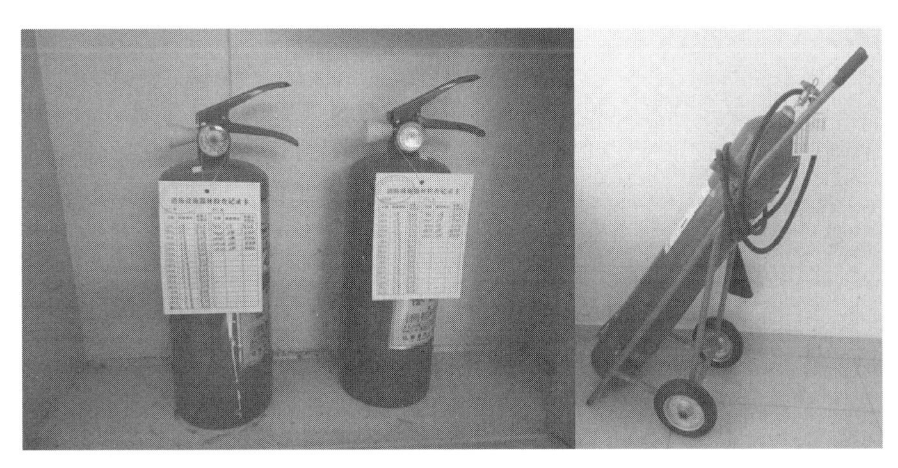

图 2.3　常见的灭火器

根据灭火器中灭火剂成分的不同主要有三种常见的灭火器，分别是干粉灭火器、泡沫灭火器和二氧化碳灭火器。这三种灭火器中的灭火剂的成分不同，灭火原理、使用方法、灭火对象等各方面都有较大的差异。

① 干粉灭火器

a. 灭火原理　干粉灭火器的灭火剂主要由活性灭火组分、疏水成分、惰性填料等组成。灭火组分是干粉灭火剂的核心，常见的干粉成分有磷酸铵盐、碳酸氢钠、氯化钠、氯化钾等。灭火组分是燃烧反应的非活性物质，当其进入燃烧区域火焰中时，能捕捉并终止燃烧反应产生的自由基，降低燃烧反应的速率。当火焰中干粉浓度足够高，与火焰接触面积足够大，自由基中止速率大于燃烧反应生成的速率时，链式燃烧反应被终止，从而火焰熄灭。现有常见的干粉灭火器主要有两种：ABC 干粉灭火器（灭火剂的主要成分是磷酸铵盐）和 BC 干粉灭火器（灭火剂的主要成分是碳酸氢盐）。这两类灭火器由于内含灭火剂的不同，可适用于不同类型的火源。

b. 适用范围　BC 干粉灭火器可扑灭 B 类火灾、C 类火灾、E 类火灾、F 类火灾，ABC 干粉灭火器可用于扑救 A、B、C、E、F 类火灾。干粉灭火器灭火效率高、速度快，一般在数秒至十几秒之内可将初起小火扑灭。干粉灭火剂对人畜低毒，对环境造成的危害小。但是，对于自身能够释放或提供氧源的化合物火灾，如钠、镁、镁铝合金等金属火灾，以及一般固体的深层火或潜伏火及大面积火灾现场，干粉灭火器达不到满意的灭火效果。

c. 使用方法　普通干粉灭火器体积小，使用方便，具体使用方法如下：(a) 右手拖着压把，左手拖着灭火器底部，取下灭火器，带入火灾现场；(b) 除掉铅封，拔掉保险销；(c) 左手握着喷管，右手提着压把，站在上风口方向距离火焰两米的地方，右手用力压下压把；(d) 左手拿着喷管左右摆动，喷射火的底部的燃烧物，使干粉覆盖整个燃烧区。

推车式干粉灭火器与普通干粉灭火器相比，灭火剂量大，具有移动方便、操作简单、灭火效果好的特点。具体使用方法如下：(a) 将干粉车拉或推到现场，右手抓着喷粉枪，左手顺势展开喷粉胶管，直至平直；(b) 在灭火前除掉铅封，拔出保险销；(c) 用手掌使劲按下供气阀门，左手持喷粉枪管托，右手把持枪把，用手指扣动喷粉开关开始灭火；(d) 对准火焰喷射，不断靠前左右摆动喷粉枪，喷射火的底部把干粉笼罩在燃烧区，直至把火扑灭为止。

② 二氧化碳灭火器

a. 灭火原理　二氧化碳是一种不燃烧、不助燃的惰性气体，具有较高的密度，约为空气的 1.5 倍。在常压下，1.0 千克的液态二氧化碳可产生约 0.5 立方米的气体。二氧化碳的灭火原理主要是窒息灭火，灭火时将二氧化碳释放到起火空间，增加了燃烧区上方二氧化碳的浓度，致使氧气含量降低，当空气中二氧化碳的浓度达到 30%～35%或氧气含量低于 12%时，大多数燃烧就会停止。二氧化碳灭火时还有一定的冷却作用，二氧化碳从储存容器中喷出时，液体迅速气化成气体，从周围吸收部分热量，起到冷却的作用。

b. 适用范围　二氧化碳灭火器可扑灭 B 类火灾、C 类火灾、E 类火灾、F 类火灾。二氧化碳灭火器灭火速度快、无腐蚀性、灭火不留痕迹，特别适用于扑救重要文件、贵重仪器、带电设备（600V 以下）的火灾。二氧化碳灭火器不能扑救内部阴燃的物质、自燃分解的物质火灾及 D 类火灾，因为有些活泼金属可以夺取二氧化碳中的氧使燃烧继续进行。

c. 使用方法　二氧化碳灭火器的使用方法与干粉灭火器类似，具体如下：(a) 用右手握着压把，提着灭火器到现场；(b) 在灭火前除掉铅封、拔掉保险销；(c) 站在距火源两米的地方，左手拿着喇叭筒，右手用力压下压把；(d) 对着火源根部喷射，并不断推前，直至把火焰扑灭。

③ 泡沫灭火器

凡是能与水混溶，并可通过化学反应或机械方法产生泡沫的灭火剂均称为泡沫灭火剂。泡沫灭火剂一般由发泡剂、泡沫稳定剂、降黏剂、抗冻剂、助溶剂、防腐剂及水组成，按泡沫产生的机理可分为化学泡沫灭火剂和空气泡沫灭火剂。

化学泡沫灭火剂是通过两种药剂的水溶液发生化学反应产生灭火泡沫。空气泡沫灭火剂是通过泡沫灭火剂的水溶液与空气在泡沫产生器中进行机械混合搅拌而生成的，泡沫中所含的气体一般为空气。空气泡沫灭火器可分为蛋白泡沫灭火器、氟蛋白泡沫灭火器、水成膜泡沫灭火器和抗溶性泡沫灭火器等。

a. 灭火原理　泡沫灭火剂喷出后在燃烧物表面形成泡沫覆盖层，可使燃烧物表面与空气隔离，达到窒息灭火的目的。泡沫封闭了燃烧物表面后，可以遮断火焰对燃烧物的热辐射，阻止燃烧物的蒸发或热解挥发，使可燃气体难以进入燃烧区。另外，泡沫析出的液体对燃烧表面有冷却作用，泡沫受热蒸发产生的水蒸气还有稀释燃烧区氧气浓度的作用。泡沫灭火器主要适用于扑救各类油类火灾、木材、纤维、橡胶等固体可燃物火灾。

b. 适用范围　蛋白泡沫灭火器、氟蛋白泡沫灭火器、水成膜泡沫灭火器适用于扑救 A 类火灾和 B 类中的非水溶性可燃液体的火灾，不适用于扑救 D 类火灾、E 类火灾以及遇水发生燃烧爆炸的物质的火灾。抗溶性泡沫灭火器主要应用于扑救 B 类中乙醇、甲醇、丙酮等一般水溶性可燃液体的火灾，不宜用于扑救低沸点的醛、醚以及有机酸、胺类等液体的火灾。

c. 使用方法　泡沫灭火器使用方法与干粉灭火器和二氧化碳灭火器有所不同，使用时需要将灭火器颠倒过来，使灭火器内的灭火剂发生化学反应，具体步骤如下：(a) 右手拖着压把，左手拖着灭火器底部，轻轻取下灭火器，右手提着灭火器到现场；(b) 手捂住喷嘴，左手执筒底边缘，把灭火器颠倒过来呈垂直状态，用劲上下晃动几下，然后放开喷嘴；(c) 右手抓筒耳，左手抓筒底边缘，把喷嘴朝向燃烧区，站在离火源八米的地方喷射，并不断前进，兜围着火焰喷射，直至把火扑灭；(d) 灭火后，把灭火器平放在地上，喷嘴朝下。泡沫灭火器在使用时要注意不可用于扑灭带电设备的火灾，抗溶性泡沫灭火器以外的泡沫灭火器不能用于扑灭水溶性液体（如甲醇、乙醇等）火灾。

(2) 灭火器的选择

配置灭火器应根据配置场所的危险等级和可能发生的火灾的类型等因素，确定灭火器的类型。选择灭火器进行灭火时，应根据火灾类型选择合适的灭火器。选择不合适的灭火器不仅有可能灭不了火，还有可能发生爆炸伤人事故。如 BC 干粉灭火器不能扑灭 A 类火灾，二氧化碳灭火器不能用于扑救 D 类火灾。虽然有几种类型的灭火器均适用于扑灭同一种类的火灾，但其灭火能力、灭火剂用量的多少以及灭火速度等方面有明显的差异，因此，在选择灭火器时应考虑灭火器的灭火效能和通用性。为了保护贵重仪器设备与场所免受不必要的污渍损失，灭火器的选择还应考虑其对被保护物品的污损程度。例如，在专用的计算机机房内，要考虑被保护的对象是计算机等精密仪表设备，若使用干粉灭火器灭火，肯定能灭火，但其灭火后所残留的灭火剂对电子元器件则有一定的腐蚀作用和粉尘污染，而且也难以清洁。水型灭火器和泡沫灭火器灭火后对仪器设备也有类似的污损。此类场所发生火灾时应选用洁净气体灭火器灭火，灭火后不仅没有任何残迹，而且对贵重、精密设备也没有污损、腐蚀作用。

(3) 灭火器的放置和配置要求

灭火器一般设置在走廊、通道、门厅、房间出入口和楼梯等明显的地点，周围不得堆放其他物品，且不应影响紧急情况下人员疏散。在有视线障碍的位置摆放灭火器时，应在醒目的地方设置指示灭火器位置的发光标志，可使灭火人员减少因寻找灭火器所花费的时间，及时有效地将火扑灭在初期阶段。

灭火器的铭牌应朝外，器头宜向上，使人们能直接观察到灭火器的主要性能指标。手提式灭火器宜设置在挂钩、托架上或灭火器箱内。设置在室外的灭火器应有防湿、防寒、防晒等保护措施。

灭火器设置点的环境温度对灭火器的喷射性能和安全性能均有明显影响。若环境温度过低，则灭火器的喷射性能显著降低；若环境温度过高，则灭火器的内压剧增，灭火器会有爆炸伤人的危险。大部分灭火器的使用范围在5～50℃左右，放置灭火器时，要注意放置环境的温度，以避免影响灭火器的性能。

一个计算单元内配置的灭火器数量不得少于2具，每个设置点的灭火器数量不宜多于5具。根据消防实战经验和实际需要，在已安装消火栓系统、固定灭火系统的场所，可根据具体情况适量减配灭火器。设有消火栓的场所，可减配30%的灭火器，设有灭火系统的场所，可减配50%的灭火器，设有消火栓和灭火系统的场所，可减配70%的灭火器。

(4) 灭火器的检查

按照国家对消防产品的强制标准，现在所使用的灭火器都有一个盘式压力指示表，在对灭火器进行检查时，当压力表指针指向黄色区域时表示灭火器罐内压力偏高，当压力表指针指向绿色区域时表示灭火器罐内压力正常，当压力表指针指向红色区域时表示灭火器罐内压力不足，对罐内压力不足的失效灭火器需要及时进行充灌或更换；在检查时我们还需要注意灭火器的罐体是否破损生锈，皮管、喷头等配件是否完好，灭火器的出厂日期及充灌日期是否在保质期内、配置位置是否合理、是否便于取用等问题。在检查时还需要特别注意的是，当灭火器长期失效完全没有压力时压力表指针会自动回到绿色区域，这样的灭火器需要立即更换。一般情况下，灭火器在出厂5年内、压力表指示正常情况下不需要进行充灌或更换，出厂超过5年以上的灭火器，无论压力表指示是否正常，每年均需充灌一次或进行检查和更换。

2.3.6 其他灭火设备

(1) 灭火毯

灭火毯或称消防被、灭火被、防火毯、消防毯、阻燃毯、逃生毯，是由耐火纤维等材料经过特殊处理编织而成的织物，是一种质地非常柔软的消防器具［图2.4(a)］。灭火毯按基材不同可以分为纯棉灭火毯、石棉灭火毯、玻璃纤维灭火毯、高硅氧灭火毯、碳素纤维灭火毯、陶瓷纤维灭火毯等。灭火毯主要是通过覆盖火源，阻隔空气，以达到灭火的目的，在遇到火灾初始阶段时，能以最快速度隔氧灭火，控制灾情蔓延。灭火毯的使用方法如下：①在起火初期，快速取出灭火毯，双手握住两根黑色拉带，将灭火毯轻轻抖开，作为盾牌状拿在手中；②将灭火毯轻轻的覆盖在火焰上，同时切断电源或气源；③灭火毯持续覆盖在着火物体上，并采取积极灭火措施直至着火物体完全熄灭；④待着火物体熄灭，并于灭火毯冷却后，将毯子裹成一团，作为不可燃垃圾处理。

灭火毯是良好的抗红外辐射材料，具有良好的热能力和红外加热效应，在火灾初期可以作为及时逃生用的防护物品。将毯子裹于全身，由于毯子本身具有防火、隔热的特性，在逃生过程中，人的身体能够得到很好的保护。

(2) 消防沙箱

消防沙箱是用于扑灭油类火灾和不能用水灭火的火灾的消防工具［见图2.4(b)］。消防沙箱中装有比普通黄沙密度更大，透气性更小的专用消防沙。火灾发生时，可用铁锹将消防沙子覆盖在油类火源上，达到灭火目的。消防沙主要用于扑灭油类火灾，一般配置在油库、食堂厨房等不能用水扑灭的特殊场所。在化学实验室的化学试剂库房、实验室等区域，常有特殊化学试剂、液体试剂等不能使用水扑灭的潜在火源，因此需配置消防沙箱。

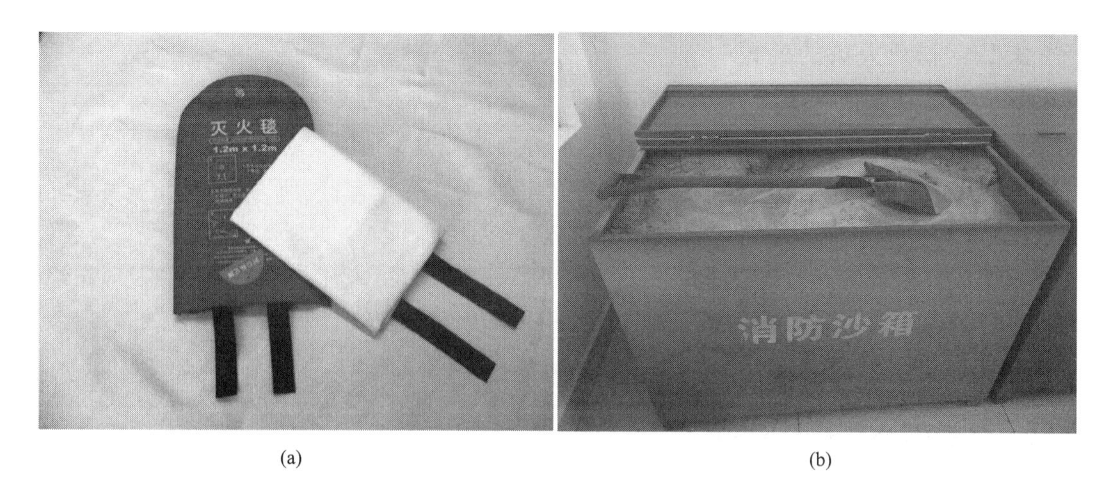

(a)　　　　(b)

图 2.4　灭火毯和消防沙箱

2.3.7　火灾事故处置

提高全社会抗御火灾事故的能力，要求我们不仅要做好火灾的预防工作，而且还要学会处置火灾事故的方法，从而最大限度地控制火灾事故的扩大、减少或降低火灾事故造成的危害。

2.3.7.1　火灾报警

中华人民共和国消防法第四十四条规定："任何人发现火灾都应当立即报警。任何单位、个人都应当无偿为报警提供便利，不得阻拦报警。严禁谎报火警。"报告火警是每个公民应尽的义务。"报警早、损失小"，几乎所有的大火都与报警滞后、处置不当密切相关。起火十几分钟内能否将火灾扑灭，是一个关键。

火灾报警的方法：①向单位和周围的人群报警，包括大声呼喊报警、使用电话报警、警铃报警、广播报警等；②向公安消防队报警，火警电话"119"。

火灾报警的内容：在拨打电话向公安消防队报警时，必须讲清楚以下内容：①发生火灾的详细地址和具体的位置，包括街道名、门牌号、楼幢号，农村发生火灾要讲清县、乡镇、村庄名称，大型企业要讲清分厂、车间或部门，高层建筑要讲明第几层楼等，总之，地址要讲得明确、具体；②报告起火物的性质，例如，是否是化学物质起火等，以便消防部门根据情况派出相应的灭火车辆；③火势情况，如只见冒烟、有火光、火势猛烈，有多少房间起火等；④留下报警人的姓名及所用电话号码，最好留下手机号码，以便消防部门及时电话联系，了解火场情况，报告火警之后，还应派人到路口接应消防车。

消防报警是严肃的，严禁谎报火警和阻拦报警，谎报火警和阻拦报警都是违法行为。中华人民共和国消防法第六十二条规定："谎报火警的；阻碍消防车、消防艇执行任务的；阻碍公安机关消防机构的工作人员依法执行职务的，依照《中华人民共和国治安管理处罚法》的规定处罚"；中华人民共和国消防法第六十三条规定："在火灾发生后阻拦报警，或者负有报告职责的人员不及时报警的；扰乱火灾现场秩序，或者拒不执行火灾现场指挥员指挥，影响灭火救援的；故意破坏或者伪造火灾现场的，处警告或者五百元以下罚款；情节严重的，处五日以下拘留。"

2.3.7.2 初起火灾的处置

火灾发生后，在公安消防人员赶到前，积极做好相应的处置工作，对于火灾灭火有重要作用。

初起火灾扑救的基本原则：①救人第一，集中兵力；②先控制，后消灭；③先重点，后一般。

初起火灾扑救的指挥程序和要点：①及时报警；②及时组织扑救和疏散；③及时组织安全警戒；④当公安消防队赶到火灾现场后进行指挥权的移交。

2.3.7.3 火灾现场安全疏散与逃生

(1) 人员的安全疏散与逃生自救

火灾发生后，人员的安全疏散与逃生自救最为重要。在此过程中要注意以下几点。

① 稳定情绪，保持冷静，维护好现场秩序；

② 在能见度差的情况下，采用拉绳、拉衣襟、喊话、应急照明等方式引导疏散；

③ 当烟雾较浓、视线不清时不要奔跑，左手用湿毛巾捂住口鼻等方式做好防烟保护，右手向右前方顺势探查，靠消防通道右侧摸索紧急疏散指示标志，顺着紧急疏散指示标志引导的疏散逃生路线，以半蹲、低姿的姿势安全迅速撤离；

④ 当楼房着火时，要利用现场的有利条件快速疏散，在疏散过程中，需要注意以下几点：a. 注意观察所在楼房、楼道和区域的消防疏散逃生通道；b. 准确判断火势情况，在烟雾较浓时要低姿蹲逃；c. 在逃生的出路被火封住时，要淋湿身体并尽量用湿棉被、湿毛毯等不燃烧、难燃烧的物品披裹住身体冲出；d. 在楼梯被烧断时，可通过屋顶、阳台、落水管等逃生，用床单结绳滑下；e. 被困火场时可向背火的窗外扔东西求救；f. 被困在顶楼时，可从屋顶天窗进入楼顶，尽一切可能求救并等待救援；g. 发生火灾时，不能乘电梯，以免被困在电梯内无法逃生；h. 三楼以上在无防护的情况下不能跳楼；i. 如果身上着火，要快速扑打，一定不能奔跑，可就地打滚、跳入水中，或用衣物、被盖覆盖灭火；j. 要维持好火灾现场的秩序，防止疏散出的人员因眷恋抢救亲人或财物而返回火场，再入“火口”。

(2) 物资的疏散

① 应紧急疏散的物资主要有：易燃易爆、有毒有害的化学药品，汽油桶、柴油桶、爆炸品、气瓶、有毒物品；价值昂贵的物资；“怕水”物资如：糖、电石等。

② 组织疏散的要求：一是编组；二是先疏散受水、火、烟威胁最大的物资；三是疏散出的物资应堆放在上风方向，并由专人看护；四是应用苫布对怕水的物资进行保护。

2.4 化学实验室安全装备

化学实验室的安全装备的配置是保障化学楼安全、有序运行的基本保证。这些基本的安全设备主要包括火灾相关的安全设备、化学实验安全设备以及个人防护设备等。这些安全设备的配置可以有效地保证在有安全事故出现时，能及时补救和减少事故对实验人员和实验设备的损害。

2.4.1 通用防护装备

2.4.1.1 紧急喷淋装备

人体皮肤对腐蚀类化学品等很敏感，许多有毒化学品可以通过皮肤吸收造成人体伤害。大多数情况下，只要化学品与皮肤接触，就应该立刻用大量的水清洗（如果是浓硫酸碰到皮肤，应立即用干布擦去后用水冲洗）。如果皮肤受损面积较小，可直接用水龙头或手持软管冲洗，当身体受损面较大时，需使用紧急喷淋装置。紧急喷淋装置可以提供大量的水冲洗全身，适用于身体较大面积被化学品侵害的情况。此外，紧急喷淋装置大部分都配有洗眼器，也就是专门针对眼睛的喷淋装置，可在第一时间快速冲洗眼部，减少眼睛所受伤害。紧急喷淋装置上还应该有明显的标识，以提示和指引使用者使用（见图 2.5）。

图 2.5 常见的两种紧急喷淋装置

紧急喷淋装置应该在使用或储存有大量潜在危害物质的场所以及实验室等地配置。对于化学实验室，应该保证每层楼都有相当数量的喷淋装置。紧急喷淋水流覆盖范围直径 60 厘米，水流速度应适当，水温在合适的范围内，以免伤害使用人。紧急喷淋必须安装在远离确定有危害的区域，避免使用人被化学品二次伤害。通往紧急喷淋的通道上不能有障碍、绊倒危害，紧急喷淋装置不能被锁在某房间内，电器设施和电路必须与紧急喷淋保持安全距离。紧急喷淋每年至少需要开启运行一次，对管线进行清理、检修和维护。紧急喷淋装置使用培训内容包括喷淋装置的位置、使用方法、冲洗时间、冲洗后寻求医疗帮助等。紧急喷淋产生的污水应排入废水收集池。

2.4.1.2 急救箱

急救箱是实验室一旦发生事故后能够第一时间给受害人提供有效帮助的安全装备。急救箱具有轻便、易携带、配置全等优点，在紧急情况发生时能发挥重要的作用。急救箱的配置一般包括下列物品：酒精棉、手套、口罩、消毒纱布、绷带、三角巾、安全扣针、胶布、创可贴、医用剪刀、钳子、手电筒、棉花棒、冰袋、碘酒、3%双氧水、饱和硼酸溶液、1%醋酸溶液、5%碳酸氢钾溶液、75%酒精、凡士林等。急救箱中的物品应经常更新，注意药品在有效期内。

2.4.2 个体防护装备

个体防护装备是在工作中从业人员为防御物理、化学、生物等外界因素伤害所穿戴、配备和使用的各种防护用品的总称，也称为个人防护用品、劳动防护用品、劳动保护用品等。个体防护装备在实验室安全管理中具有举足轻重的地位和作用。需要为参加实验活动的所有人员配备个体防护装备，以达到保护实验人员人身安全的目的。个体防护装备种类很多。按照适用的职业分类，可以分为：军人防护装备、警员防护装备、劳动防护装备、卫生防护装备、科考探险装备、抢险救援救助装备、日常工作生活防护装备等。

实验室个体防护装备主要涉及劳动防护装备和卫生防护装备。按照所涉及的防护部位分类，实验室个体防护装备又可分为头部防护装备、呼吸防护装备、面部防护装备、听力防护装备、手部防护装备、足部防护装备、躯体防护装备七大类。每一大类内又可以分成若干种类，分别具有不同的防护性能。在高校实验室中配备个体防护装备，主要是保护实验人员免受伤害，避免实验室相关的伤害或感染。实验室所用的任何个体防护装备应符合国家有关技术标准的要求；个体防护装备的选择、使用和维护应有明确的书面规定、程序和使用指导；使用前应仔细检查，不使用标志不清、破损或泄漏的个体防护装备。

2.4.2.1 头部防护装备

头部防护装备是用来保护人体头部，使其免受冲击、刺穿、挤压、绞碾、擦伤和脏污等伤害的各种防护装备，包括工作帽、安全帽、安全头盔等。

2.4.2.2 眼部防护

保护眼部至关重要。为避免眼部受伤或尽可能降低眼部受伤的危害，化学实验过程中所有实验者都必须佩戴防护眼镜，以防飞溅的液体、颗粒物及碎屑等对眼部的冲击或刺激，以及毒害性气体对眼睛的伤害（见图 2.6）。普通的视力校正眼镜不能起到可靠的防护作用，实验过程中应在校正眼镜外另戴防护眼镜。不要在化学实验过程中佩戴隐形眼镜。对于某些易溅、易爆等极易伤害眼部的高危险性实验操作，一般的防护眼镜防护能力不够，应采取佩戴面罩、在实验装置与操作者之间安装透明的防护板等更安全的防护措施。操作各种能量大、对眼睛有害的光线时，则需使用特殊眼罩来保护眼睛。

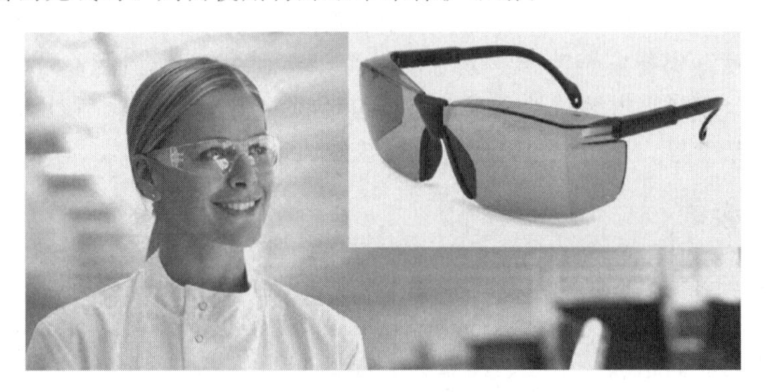

图 2.6　常见的实验室护目镜及佩戴效果

> **案例：** 某实验室研究人员在进行封管实验时，玻璃封管内有氨水、硫酸亚铁和反应原料，油浴温度加热到 160℃ 时。封管突然发生爆炸，整个反应体系被完全炸碎。当事人额头受伤，幸亏当时戴防护眼睛，才使双眼没有受到伤害。本次事故中操作人员安全意识强，佩戴护目镜，避免了严重伤害发生。

2.4.2.3 呼吸防护装备

呼吸防护装备是防御空气缺氧和空气污染物进入人体呼吸道，从而保护呼吸系统免受伤害的防护装备。正确选择和使用呼吸防护装备是防止发生实验室恶性事故的重要保障。根据其工作原理可分为过滤式和隔离式两大类。过滤式呼吸防护装备是根据过滤吸收的原理，利用过滤材料滤除空气中的有毒、有害物质，将受污染的空气转变成清洁空气供人员呼吸的防护装备，如防尘口罩、防毒口罩、过滤式防毒面具等。隔离式呼吸防护装备是根据隔绝的原理，使人员呼吸器官、眼睛和面部与外界受污染物隔绝，依靠自身附带的气源或导气管引入受污染环境以外的洁净空气为气源供气，保障人员的正常呼吸的呼吸防护装备，也称为隔绝式防毒面具、生氧式防毒面具等。

根据供气原理和供气方式，可将呼吸防护装备主要分为自吸式、自给式和动力送风式三种。自吸式呼吸防护装备是指依靠佩戴者自主呼吸克服部件阻力的呼吸防护装备，如普通的防尘口罩、防毒口罩和过滤式防毒面具。自给式呼吸防护装备是指依靠压缩气体钢瓶为气压动力，保障人员正常呼吸的防护装备，如贮气式防毒面具、贮氧式防毒面具。动力送风式呼吸防护装备依靠动力克服部件阻力，提供气源，保障人员正常呼吸，如军用过滤送风面具和送风式长管呼吸管。

按照防护部位及气源与呼吸器官连接的方式主要分为口罩式、面具式、口具式三类。口罩式呼吸防护装备主要指通过保护呼吸器官口、鼻来避免有毒、有害物质吸入对人体造成伤害的呼吸防护装备，包括平面式、半立体式和立体式等多种，如普通医用口罩、防尘口罩、防毒口罩等。面具式呼吸防护装备在保护呼吸器官的同时也保护眼睛和面部，如各种过滤式和隔绝式防毒面具。口具式呼吸防护装备通常也称口部呼吸器，与前两者不同之处在于佩戴这类呼吸防护装备时，鼻子要用鼻夹夹住，必须用口呼吸，外界受污染空气经过滤后直接进入口部。

2.4.2.4 眼面部防护装备

眼面部防护装备是防御电磁辐射、紫外线及有害光线、烟雾、化学物质、金属火花和飞屑、尘粒，抗机械和运动冲击等伤害眼睛、面部和颈部的防护装备，包括太阳镜、安全眼镜、护目镜和面罩等。在所有易发生潜在眼睛损伤（如紫外线、激光、化学溶液或生物污染物溅射等）和面部损伤的实验室工作时，必须佩戴眼面部防护装备。在化学类、生物类实验室工作时，不得佩戴隐形眼镜，以防止眼角膜烧伤等事故的发生。实验室里不能以隐形眼镜、普通眼镜来代替护目镜或安全眼镜。

2.4.2.5 手部防护装备

实验室工作人员在工作时可能受到各种有害因素的影响，如实验操作过程中可能接触有毒有害物质、各种化学试剂、传染源、被上述物质污染的实验物品或仪器设备、高温或超低温物品等都成为造成大部分实验暴露危险的重要因素。手部防护装备可以在实验人员和危险物之间形成初级保护屏障，是保护手部位和前臂免受伤害的防护装备，主要是各种防护手套和袖套等。在实验室工作时应戴好手部防护装备以防止化学品、微生物、放射性物质的伤害和烧伤、冻伤、烫伤、擦伤、电击等伤害的发生。在实验室工作时，必须根据实际情况选择和使用合适的手套保护工作人员免受伤害。如果手套被污染，应尽早脱下，妥善处理后丢弃。手套应按照所从事操作的性质，并符合舒适、灵活、握牢、耐磨、耐扎和耐撕的要求，能对所涉及的危险提供足够的防护。防护手套种类很多，以下介绍化学实验室常用的几种类型。

(1) 防热手套

此类手套用于高温环境下以防手部烫伤。如从烘箱、马弗炉中取出灼热的药品时，或从电炉上取下热的溶液时，最好佩戴隔热效果良好的防热手套。其材质一般有厚皮革、特殊合成涂层、绒布等。

(2) 低温防护手套

此类手套用于低温环境下以防手部冻伤。如接触液氮、干冰等制冷剂或冷冻药品时，需佩戴低温防护手套。

(3) 化学防护手套

当实验者处理危险化学品或手部可能接触到危险化学品时，应佩戴化学防护手套。化学防护手套种类较多，实验者必须根据所需处理化学品的危险特性选择最适合的防护手套。如果选择错误，则起不到防护作用。化学防护手套常见的材质有天然橡胶、腈类、氯丁橡胶、聚氯乙烯（PVC）、聚乙烯醇（PVA）等。

(4) 手套佩戴的注意事项

实验室工作人员需要接受手套选择、使用前和使用后的佩戴及摘除等方面的培训。手套的规范使用应注意以下几个要点。

手套的选择：实验室一般使用乳胶、橡胶、聚氯乙烯、丁腈类手套，可以用来防护强酸、强碱、有机溶剂和生物危害物质的伤害。对于接触强酸、强碱、高温物体、超低温物体等特殊实验材料时，必须选用材质合适的手套。

手套的检查：在使用手套前应仔细检查手套是否褪色、破损（穿孔）或有裂缝。

手套的使用：在不同实验室佩戴的手套种类和厚度都不一样。生物实验室根据实验室生物安全不同的级别需佩戴一副或者两副手套，如果外层手套被污染，应立即将外层手套脱下丢弃并按照规范处理，换戴上新手套继续实验。其他实验室在使用中如果手套被撕破、损坏或被污染应立即更换并按规范处置。一次性手套不得重复使用。不得戴着手套离开实验室。

避免手套“交叉污染”，戴着手套的手避免触摸鼻子、面部、门把手、橱门、开关、电话、键盘、鼠标、仪器和眼镜等其他物品。手套破损更换新手套时应先对手部进行清洗、去污染后再戴上新的手套。

戴手套和脱手套注意要点：在戴手套前，应选择合适的类型和尺寸的手套；在实验室工作中要根据实验室工作内容，尽可能保持戴手套状态。脱手套过程中，用一只手捏起另一近手腕部的手套外缘，将手套从手上脱下并将手套外表面翻转入内；用戴着手套的手拿住该手套；用脱去手套的手指插入另一手套腕部处内面；脱下该手套使其内面向外并形成一个由两个手套组成的袋状；丢弃的手套根据实验内容采取合适的方式规范处置。

2.4.2.6 足部防护装备

足部防护装备是保护穿用者的小腿及脚部免受物理、化学和生物等外界因素伤害的防护装备，主要是各种防护鞋、靴。当实验室中存在物理、化学和生物试剂等危险因素的情况下，穿合适的鞋、鞋套或靴套，以保护实验室工作人员的足部免受伤害。禁止在实验室（尤其是化学、生物和机电类实验室）穿凉鞋、拖鞋、高跟鞋、露趾鞋和机织物鞋面的鞋。鞋应该舒适、防滑，推荐使用皮制或合成材料的不渗液体的鞋类。鞋套和靴套使用完后不得到处走动带来交叉污染，应及时脱掉并规范处置。

2.4.2.7 躯体防护装备

躯体防护装备是保护穿用者躯干部位免受物理、化学和生物等有害因素伤害的防护装备，主要有工作服和各种功能的防护服等。防护服包括实验服、隔离衣、连体衣、围裙以及正压防护服。在实验室中的工作人员应该一直或者持续穿着防护服。清洁的防护服应该放置在专用存放处，污染的实验服应该放置在有标志的防泄漏的容器中，每隔一定的时间应更换防护服以确保清洁，当知道防护服已被危险物质污染后应立即更换。离开实验室区域之前应该脱去防护服。防护服最好能完全扣住。防护服的清洗和消毒必须与其他衣物完全分开，避免其他衣物受到污染。禁止在实验室中穿短袖衬衫、短裤或者裙装。

化学实验过程中实验者必须穿着防护服，以防止躯体皮肤受到各种伤害，同时保护日常着装不受污染（若着装污染化学试剂，则会产生扩散）。普通的防护服（俗称实验服）一般都是长袖、过膝，多以棉或麻作为材料，颜色多为白色。进行一些对身体伤害较大的危险性实验操作时，必须穿着专门的防护服。例如，进行 X 射线相关操作时宜穿着铅质的 X 射线防护服。不可穿着已污染的实验服进入办公室、会议室、食堂等公共场所。实验服应经常清洗，但不应带到普通洗衣店或家中洗涤。此外，实验者不得在实验室穿拖鞋、短裤，应穿不露脚面的鞋和长裤，实验过程中长发应束起。

2.5 实验室安全标识

实验室常用的安全标识，根据安全级别的不同，主要分为四类：禁止标识、警告标识、指令标识、提示标识。这四类标识的安全级别不同，因此也使用不同的颜色标识。例如，安全级别最高的是禁止标识，使用红色标识；警告标识使用黄色标识；指令标识使用蓝色标识；提示标识使用绿色标识等。此外，除了常见的安全标识外，还有消防安全专用警示标志等，下面将介绍化学实验室常用的安全标识以及设置。

2.5.1 安全标识的设置要求

为规范实验室安全警示标识设置和安装标准，特制定出安全警示标识使用细则。本细则明确了生产作业场所和办公场所的安全警示标识的设置和分类，具体内容如下。

（1）生产环境中可能存在不安全因素时需要警示标识提醒时，应设置相关警示标识。警示标识设置牢固后，不应有造成人体任何伤害的潜在危险。

（2）警示标识应设在醒目的地方，要保证标识具有足够的尺寸，并与背景有明显的对比度。

（3）应使标识的观察角尽可能接近 90°，对位于最大观察距离的观察者，观察角不应小于 75°。

（4）警示标识的正面或其临近，不得有妨碍视线的固定障碍物，并尽量避免被其他临时性物体遮挡。

（5）警示标识通常不设在门、窗架等可移动的物体上，避免物体移动后人们无法看到。

（6）警示标识应设在光线充足的地方，以保证正常准确地辨认标志。

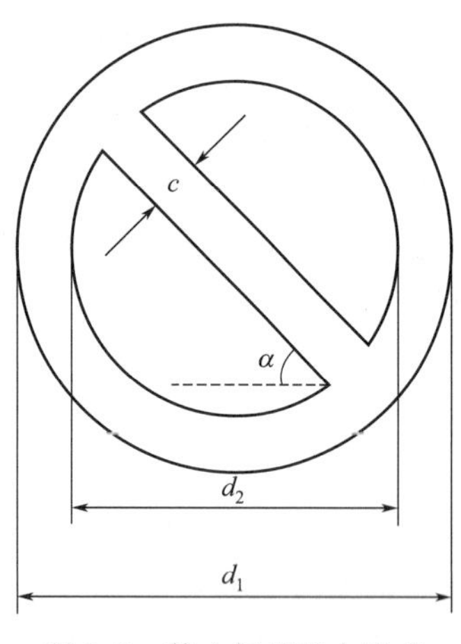

图 2.7　禁止标识基本形式

（7）布置各种功能的图形标识应按警告、禁止、指令、提示的顺序，由左到右或由上到下排列。

2.5.2　实验室常用禁止标识

禁止标识是禁止人们不安全行为的图形标志，禁止标志的基本形式是带斜杠的圆边框，白底红字。禁止标识的基本形式是带斜杠的圆边框，如图 2.7 所示。

参数：外径 $d_1=290$mm；内径 $d_2=230$mm；斜杠宽 $c=30$mm；斜杠与水平线的夹角 $\alpha=45°$。

化学实验室常用的禁止标识有禁止吸烟、禁止明火、禁止饮用、禁止触摸等标识，表 2-1 列出了这些常见标识的意义、用途和使用注意事项。

表 2-1　常用的禁止标识的意义、用途和使用注意事项

标识示图	含义	用途和使用注意事项
	禁止明火	实验室区域、易燃易爆物品存放处
	禁止吸烟	实验室区域
	禁止带入火种	实验室区域
	禁止饮用	用于标识不可饮用的水源、水龙头等处
	禁止入内	可引起职业病危害的作业场所入口处或禁止入内危险区周边，如可能产生生物危害的设备故障时；维护、检修这些存在生物危害的设备、设施时，根据现场实际情况设置
	禁止通行	实验室进行维护、检修时，根据现场实际情况设置

续表

标识示图	含义	用途和使用注意事项
	禁止触摸	实验室特殊仪器和设备
	禁止攀登	实验室的特殊设施入口
	禁止穿化纤衣服	可能产生可燃气体的实验室
	禁止用水灭火	特殊化学试剂

2.5.3 实验室常用警告标识

警示标识是提醒人们对周围环境引起注意，以避免可能发生危险的标识。其基本形状为正三角形边框，黄底黑字。警告标识的基本型式是正三角形边框，如图 2.8 所示。

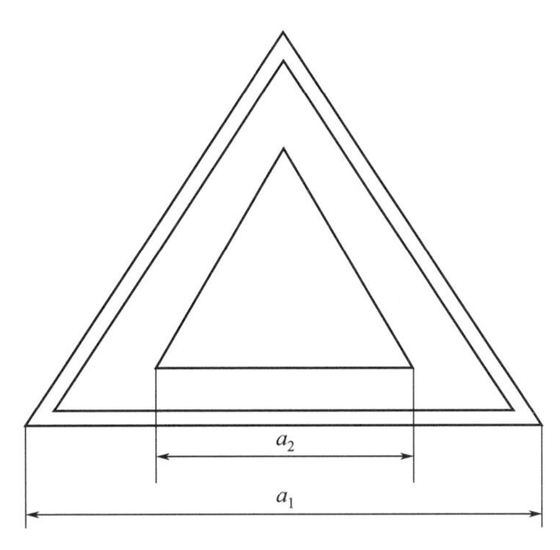

图 2.8　警示标识基本形式

参数：外边 a_1＝300mm；边框 a_2＝250mm

化学实验室常用的警告标识有当心毒物、当心腐蚀、当心电离辐射等标识，表 2-2 列出了这些常见标识的意义、用途和使用注意事项。

表 2-2 常用的警告标识的意义、用途和使用注意事项

标识示图	含义	用途和使用注意事项
	当心腐蚀	腐蚀性化学试剂
	当心毒物	剧毒化学试剂
	当心感染	生物实验室
	当心电离辐射	仪器的放射源
	当心低温	超低温设备,如液氮等
	当心表面高温	高温设备,如马弗炉等
	当心激光	有激光的仪器设备及光源
	当心伤手	操作利器时需注意

2.5.4 实验室常用指令标识

指令标识是强制人们必须作出某种动作或采取防范措施的图形标识。其基本形状为圆形边框，蓝底白字。指令标识的基本型式是圆形边框，如图 2.9 所示。

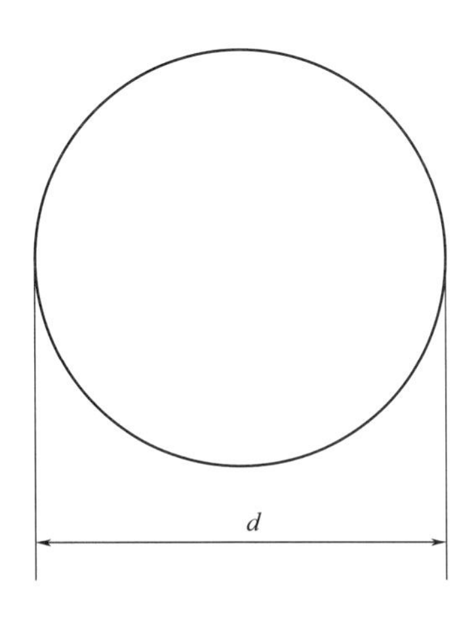

图 2.9　指令标志基本型式

参数：直径 $d=450\mathrm{mm}$

化学实验室常用的指示标识有必须佩带防护眼镜、必须戴防护口罩、必须戴手套等，表2-3 列出了这些常用指令标识的意义、用途和使用注意事项。

表 2-3　常用指令标识的意义、用途和使用注意事项

标识示图	含义	用途和使用注意事项
	必须戴防护眼镜	有溶液飞溅的实验项目
	必须戴防护口罩	有大量粉尘的实验项目
	必须戴防护手套	有腐蚀性的实验操作
	必须戴防护面具	有溶液飞溅的实验项目
	必须戴防毒面具	有有毒气体生成的实验项目

2.5.5 实验室常用提示标识

提示标识是向人们提供某种信息（如表明安全设施或场所）的图形标识。指示标识的基本形状为正方形边框，绿底白字，如图 2.10 所示。

图 2.10 提示标志基本型式

参数：边长 a=400mm

化学实验室常用的提示标识有应急避难所、急救药箱、救援电话等，表 2-4 列出了这些常用标识的意义、用途和使用注意事项。

表 2-4 常用指示指令的意义、用途和使用注意事项

标识示图	含义	用途和使用注意事项
	紧急冲淋装置	指示紧急冲淋装置的位置
	应急避难所	指示应急避难场所
	急救药箱	指示急救医药箱的放置位置

续表

标识示图	含义	用途和使用注意事项
	救援电话	提供电话救援服务
	紧急医疗站	提供医疗服务

2.5.6 消防安全警示标识

化学实验室除了常规的安全标识外，还有消防相关的标识，表 2-5 列出了这些常见标识的意义、用途和使用注意事项。

表 2-5 常见消防安全警示标识的意义、用途和使用注意事项

标识示图	含义	用途和使用注意事项
	灭火设备	指示灭火设备集中存放的位置
	灭火器	指示灭火器存放的位置
	消防水带	指示消防水带、软管卷盘或消火栓箱的位置
	地下消火栓	指示地下消火栓的位置
	地上消火栓	指示地上消火栓的位置
	消防梯	指示消防梯的位置

标识示图	含义	用途和使用注意事项
	灭火设备或报警装置的方向	指示灭火设备或报警装置的位置方向，该标志亦可制成长方形
	疏散通道方向	指示到紧急出口的方向
	紧急出口	指示在发生火灾等紧急情况下，可使用的一切出口
	滑动开门	指示装有滑动门的紧急出口，箭头指示该门的开启方向

2.6 练　习

2.6.1 判断题

(1) 只要设计合理，可以将木质结构或砖木结构的建筑用作化学实验室。(　　)

(2) 大型仪器的实验室一般应设置在二楼及以上，以防潮湿。(　　)

(3) 放置大型仪器的实验室的净层高在 3.0～4.5 米，且一般设在底层。普通实验室的净层高在 3.8 米左右。(　　)

(4) 为了提高实验室使用效率，化学实验室设计时可不用单独设立药品室、仪器室、药品储藏室、气瓶室等，只要存放得当，相应的设备和试剂可放在实验室中，以便使用。(　　)

(5) 监控系统包括视频监控、火灾监控、气体泄漏监控等设备。对于特殊仪器设备可能使用的危险气体，可安装例如氢气、一氧化碳等可燃气体的探头，并具备报警功能。(　　)

(6) 通风柜的排风系统应独立设置，不宜共用风道，根据情况可借用消防风道。(　　)

(7) 为避免不同负载之间的相互干扰，实验室的照明用电、空调用电和仪器设备用电等最好分开布线。(　　)

(8) 各种电源是否有电，均可用试电笔检验。(　　)

(9) 人员触电时，应该抓紧时间先救人，再去切断电源，以防延误救人时机。(　　)

(10) 如遇电线起火，立即切断电源，用沙或二氧化碳灭火器、四氯化碳灭火器灭火，禁止用水或泡沫灭火器等导电液体灭火。(　　)

(11) 实验室的窗户窗台以不低于1米为宜，窗户应大开窗，以便于通风、采光和观察。(　　)

(12) 金属火灾是国家规定的火灾分类中的一类，比如钾、钠、镁、铝镁合金等引发的火灾。(　　)

(13) 发生火灾时所造成的热传播有热传导、热对流、热辐射三种途径，热传导是影响初期火灾发展的最主要方式，其影响的主要因素是：温差、通风孔洞的面积、高度及通风孔洞所在的高度。(　　)

(14) 火灾自动报警系统能在火灾初期，将燃烧产生的烟雾量、热量、光辐射等物理量，通过火灾探测器转变成电信号，传输到火灾报警控制器，并同时显示出火灾发生的部位、时间等，使人们能够及时发现火灾。(　　)

(15) 抑制灭火是根据发生燃烧必须具备有可燃物这个条件，将燃烧物与附近的可燃物隔离或分散开，使燃烧停止。(　　)

(16) 如果身上着火，要快速扑打，一定不能奔跑，可就地打滚、跳入水中，或用衣物、被盖覆盖灭火。(　　)

(17) 消防水箱可分区设置，一般设在建筑物的最低部位，是保证扑救初期火灾用水量的可靠供水设施。消防水泵为室内消火栓的核心系统。(　　)

(18) 发生火灾时，当烟雾较浓看不清前方道路出口时，可以乘电梯以较快的方式逃生。(　　)

(19) 紧急喷淋装置可以提供大量的水冲洗全身，适用于身体较大面积被化学品侵害的情况。大都配有洗眼器，专门针对眼睛的喷淋装置，可在第一时间快速冲洗眼部，减少眼睛所受伤害。(　　)

(20) 警示标志的正面或其临近，不得有妨碍视线的固定障碍物，并尽量避免被其他临时性物体遮挡。(　　)

2.6.2 单选题

(1) 化学实验室因有腐蚀性气体，配电导线以采用______线较合适。

A. 银芯　　B. 铝芯　　C. 锌芯　　D. 铜芯

(2) 实验室常用的局部排风设施有各种排风罩、通风柜、药品柜、气瓶柜等，目前用得最多的是各种______。

A. 排风罩　　B. 通风柜　　C. 药品柜　　D. 气瓶柜

（3）关于实验室用电安全，下面做法正确的是______。

A. 线路布置清楚，负荷合理

B. 保险丝熔断后，可用铜线替代

C. 接地线接在水管上

D. 开启烘箱或马弗炉过夜

（4）热辐射是指以______形式传递热量的现象。

A. 电磁波　　B. 温度　　C. 光　　D. 热量

（5）热辐射传播的热量与火焰温度的______成正比。

A. 两倍　　B. 四次方　　C. 平方　　D. 四倍

（6）火灾发展都有一个从小到大、逐步发展直至熄灭的过程，这个过程一般分为初期、发展、猛烈、下降和熄灭五个阶段。其中______阶段是扑救火灾的最佳阶段，灭火扑救的过程中，要抓紧时机，正确运用灭火原理，有效控制火势，力争将火灾扑灭在此阶段。

A. 初期　　B. 发展　　C. 猛烈　　D. 下降

（7）二氧化碳的灭火原理主要是______。

A. 冷却灭火　　B. 隔离灭火　　C. 窒息灭火　　D. 抑制灭火

（8）容器中的溶剂或易燃化学品发生燃烧应______，进行处理。

A. 用干粉灭火器灭火

B. 加水灭火

C. 用不易燃的瓷砖、玻璃片盖住瓶口

D. 用湿抹布盖住瓶口

（9）以下属于禁止标志的是______。

A. 　　B. 　　C. 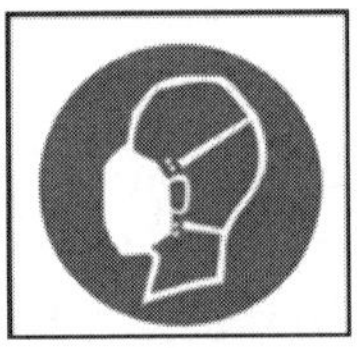　　D.

（10）在对灭火器进行检查时，当压力表指针指向______区域时表示灭火器罐内压力不足。

A. 绿色　　B. 黄色　　C. 红色　　D. 黑色

（11）关于冷却灭火叙述正确的是______。

A. 使用灭火剂参与燃烧的链式反应，形成稳定分子或低活性的自由基，使燃烧反应停止

B. 用惰性气体稀释空气中的氧含量，使燃烧物因缺乏或断绝氧气而熄灭

C. 将燃烧物与附近的可燃物隔离或分散开，使燃烧停止

D. 使可燃物质的温度降到燃点以下，使燃烧自动终止

（12）采取湿棉被、湿帆布等不燃或难燃材料覆盖燃烧物灭火运用了______的原理。

A. 冷却灭火　　B. 隔离灭火　　C. 窒息灭火　　D. 抑制灭火

（13）用水灭火应用的是______的原理。

A. 冷却灭火　　B. 隔离灭火　　C. 窒息灭火　　D. 抑制灭火

（14）在火灾中切断流向着火区域的可燃气体和液体，转移可燃物，拆除与火源毗连的易燃建筑物等运用的是______的原理。

A. 冷却灭火　　B. 隔离灭火　　C. 窒息灭火　　D. 抑制灭火

（15）使用干粉灭火器和泡沫灭火器灭火运用的是______的原理。

A. 冷却灭火　　B. 隔离灭火　　C. 窒息灭火　　D. 抑制灭火

（16）______适用于扑救各种易燃可燃的气体和液体火灾，以及电器火灾。

A. 干粉灭火器　　B. 二氧化碳灭火器　　C. 泡沫灭火器　　D. 推车式干粉灭火器

（17）扑救各类油类火灾、木材、纤维以及橡胶等固体可燃物火灾时最好使用____灭火器。

A. 干粉灭火器　　B. 二氧化碳灭火器　　C. 泡沫灭火器　　D. 沙箱

（18）使用碱金属引起燃烧时正确的处理方式是______。

A. 马上使用灭火器灭火

B. 马上向燃烧处浇水灭火

C. 马上用石棉布或沙子盖住燃烧处，尽快移去临近其他溶剂，关闭热源和电源，再用灭火器灭火

D. 以上都不对

（19）当发现有火灾时，下列做法错误的是______。

A. 直接逃离现场　　B. 报警

C. 呼喊求救，告知附近人员　　D. 灭火

（20）灭火时对火灾现场的物品破坏性最小的灭火器是______。

A. 干粉灭火器　　B. 二氧化碳灭火器　　C. 泡沫灭火器　　D. 推车式干粉灭火器

（21）精密仪器着火后，应使用______进行灭火。

A. 干粉灭火器　　B. 二氧化碳灭火器　　C. 泡沫灭火器　　D. 消防栓

（22）下列灭火工具中，______可用于防止火灾中的热辐射伤害。

A. 消防沙箱　　B. 消火栓　　C. 泡沫灭火器　　D. 灭火毯

（23）灭火毯灭火的原理是______。

A. 冷却灭火　　B. 隔离灭火　　C. 窒息灭火　　D. 抑制灭火

（24）灭火器的压力指示表的压力指示为______时表示灭火器正常，可以使用。

A. 红色　　B. 黄色　　C. 绿色　　D. 黑色

（25）灭火器检查时需要特别注意，当灭火器长期失效完全没有压力时压力表指针会自动回到____区域，这样的灭火器需要立即更换。

A. 绿色　　B. 红色　　C. 黄色　　D. 黑色

（26）当火灾处于发展阶段时，______是热传播的主要方式。

A. 热传导　　B. 热蒸发　　C. 热对流　　D. 热辐射

（27）灭火器的压力表指针指向______区域时表示灭火器罐内压力偏高。

A. 红色　　B. 黄色　　C. 绿色　　D. 黑色

（28）出厂超过______年以上的灭火器，无论压力表指示是否正常，每年均需充灌一次或进行检查和更换。

A. 5　　B. 6　　C. 8　　D. 10

（29）警告标识使用______标识。

A. 红色　　B. 黄色　　C. 蓝色　　D. 绿色

（30）以下属于指令标志的是______。

A. 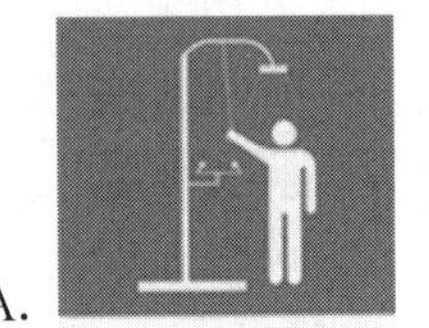 B. C.  D. 

2.6.3 多选题

（1）化学实验室建设设计前应该考虑到的因素包括______。

A. 充分了解实验室的功能、专业方向、研究领域、规模

B. 考虑实验用房的平面尺寸、所处的楼层、层高、通风产品及通风管道在房间的布局位置、尺寸、墙体窗户位置等

C. 设计美观且舒适和经济实惠等原则

D. 考虑排风管道、排水管道、电线管路、燃气管路、空调管路、弱电管线等的走向和尺寸等

（2）高校化学实验室在规划、新建、改建或扩建时，一般应重点考虑______。

A. 结构与设计　　B. 通风与采光　　C. 门禁和监控系统　D. 简约和经济

（3）对配电系统的设计应考虑到的因素有______。

A. 考虑现有的仪器设备情况

B. 考虑实验室近几年的发展规划

C. 考虑配电系统的预留问题及日后的电路维护等

D. 考虑不间断电源或双线路设计，不间断电源的容量应符合实际所需并保证一定可扩增区间以满足未来的发展所需

（4）不同类型的火灾探测器适用于不同类型的火灾和场所，其中______是我国用量较大的两种探测器。

A. 感温式　　B. 感烟式　　C. 感光式　　D. 可燃气体式

（5）按照防护部位及气源与呼吸器官连接的方式，可以将呼吸防护装备主要分为______三类。

A. 自吸式　　B. 口罩式　　C. 口具式　　D. 面具式

（6）初期火灾扑救的指挥程序和要点是______。

A. 及时报警

B. 及时组织扑救和疏散

C. 及时组织安全警戒

D. 当公安消防队赶到火灾现场后进行指挥权的移交

（7）燃烧的充分条件是______。

A. 可燃物　　B. 氧化剂（助燃物）　C. 温度　　D. 未受抑制的链式反应

（8）火灾按燃烧现象来分类，可分为______。

A. 闪燃　　B. 阴燃　　C. 爆燃　　D. 自燃

（9）限制爆炸波的冲击、扩散的主要措施有______。

A. 在有可燃气体、液体蒸气和粉尘的实验室设泄压门窗、轻质屋顶

B. 在有放热、产生气体、形成高压的反应器上安装设置安全阀、防爆片

C. 在燃油、燃气、燃煤类的燃烧室外壁或底部设置防爆门窗、防爆球阀

D. 在易燃物料的反应器、反应塔、高压容器顶部装设放空管

（10）线型感烟式火灾探测器包括______。

A. 离子感烟探测器

B. 光电感烟探测器

C. 红外光束感烟探测器

D. 激光感烟探测器

3 实验室危险化学品的危险特性及储存

《危险化学品安全管理条例》(国务院 591 号令，2011 年 12 月 1 日起实施）规定，危险化学品是指具有毒害、腐蚀、爆炸、燃烧、助燃等性质，对人体、设施与环境有危害的剧毒化学品和其他化学品。凡具有各种不同程度的燃烧、爆炸、毒害、腐蚀、放射性等危险性的物质，受到摩擦、撞击、震动、接触火源、日光曝晒、遇水受潮、温度变化或遇到性能有抵触的外界因素影响，而引起燃烧、爆炸、中毒、灼伤等人身伤亡或使财产损坏的物质都属危险化学品。

危险化学品在生产、贮存、运输、销售和使用过程中，因其易燃、易爆、有毒、有害等危险特性，常会引发火灾和爆炸等危险事故，造成巨大的人员伤亡和财产损失。很多事故发生的原因是缺乏相关危险化学品安全基础知识，不遵守操作和使用规范，以及对突发事故苗头处理不当所造成。高校化学学科相关的实验教学及科研活动中，不可避免地涉及危险化学品的贮存、使用及安全管理。加强实验室危险化学品的严格管理和规范使用，保障人员及学校财产安全，防止发生环境污染及安全事故，建设和谐校园，是高校实验室管理的重要组成部分。因此，必须了解常见危险化学品的危险特性和储存等相关知识。本章对常见危险化学品的危险特性和储存注意事项进行了分类介绍，并叙述了易制毒化学品的存储和使用等安全管理方面的相关知识。

3.1 危险化学品的分类及安全标签的配置

3.1.1 危险化学品的分类

常见危险化学品数量繁多，性质各异，每一种又往往具有多种危险属性，其中对人员财产危害最大的危险属性称为主要危险性。化学品通常根据其主要危险性进行分类，即采用

“择重归类”原则。国家标准GB 13690—2009《化学品分类和危险性公示通则》将危险化学品分为三类：理化危险、健康危险和环境危险，每类又分别细分为数种至数十种小类（见表3.1）。

表3.1 GB 13690—2009规定的危险化学品的分类

危险类型	危险品分类
(1)理化危险	①爆炸物
	②易燃气体
	③易燃气溶胶
	④氧化性气体
	⑤压力下气体
	⑥易燃液体
	⑦易燃固体
	⑧自反应物质
	⑨自燃液体
	⑩自燃固体
	⑪自热物质
	⑫遇水放出易燃气体的物质
	⑬氧化性液体
	⑭氧化性固体
	⑮有机过氧化物
	⑯金属腐蚀剂
(2)健康危险	①急性毒性
	②皮肤腐蚀/刺激
	③严重眼损伤/眼刺激
	④呼吸或皮肤过敏
	⑤生殖细胞致突变性
	⑥致癌性
	⑦生殖毒性
	⑧特异性靶器官系统毒性——一次接触
	⑨特异性靶器官系统毒性——多次接触
	⑩吸入危险
(3)环境危险	

新标准与替代的原标准GB 13690—1992相比类别更加细化，且与国际规范《全球化学品统一分类和标签制度》（Globally Harmonized System of Classification and Labeling of Chemicals，GHS）接轨。本书根据高校化学实验室具体情况，并考虑到读者使用习惯和实际应用的便捷性，综合了国家标准GB 6944—2005《危险货物分类和品名编号》和GB 13690—2009、GB 13690—1992分类方法，按主要危险性将高校化学实验室常见危险化学品分为七类进行介绍，包括①爆炸物；②危险气体和气溶胶；③易燃物质；④自燃、自反应、自热和遇湿自燃物质；⑤氧化性物质和有机过氧化物；⑥毒性物质；⑦环境污染物。

3.1.2 危险化学品的安全标签

国家标准 GB/T 22234—2008《基于 GHS 的化学品标签规范》规定危险品在储存、运输、使用等过程中，必须根据联合国 GHS 规定的危害性类别和等级，使用对应的象形图、警示语、危害性说明做成安全标签（见图 3.1）。GB 标签必要信息应有：①表示危险性的象形图；②信号词/警示词；③危害性说明；④注意事项；⑤产品名称；⑥生产商/供应商。GB/T 22234—2008 对各标签要素进行了详细说明。

编 码
产品名称

危险
遇水放出易燃气体
吞咽致命
对水生生物毒性极大
对水生生物毒性极大并具有长期持续影响

会因发生剧烈反应和可能发生闪燃，需避免任何与水接触的可能。
在惰性气体中操作。防潮。
戴防护手套/戴防护眼罩/戴防护面具。
作业后彻底清洗……。
使用本产品时不要进食、饮水或吸烟。
避免释放到环境中。

掸掉皮肤上的细小颗粒。
浸入冷水中/用湿绷带包扎。
火灾时：使用……灭火。

如误吞咽：立即呼叫解毒中心或医生。
具体治疗(见本标签上的……)。
漱口。
收集溢出物。

存放于干燥处
存放于密闭的容器中。
存放处需加锁。

处置内装物/容器……

运输象形图

联合国编号
正式运输名称

公司名称

街名及号码
国家、州、城市、邮编
电话号码
紧急呼叫电话

使用说明：
XXXXXX XXX XXXXXXXXX XXXXXXXXX
XXXXXX XXX XXXXXXXXX XXXXXX XXX
XXXXXX XXX

装载质量：XXXX　批号：XXX
毛　重：XXXX　装载日期：XXXX
有效期：XXXX

图 3.1　基于 GHS 的化学品规范标签示例

(1) 表示危险性的象形图

联合国 GHS 提供了危险品的象形图标准图案，都是菱形的白底上用黑色图形，并用较粗的红线做边框。实际标签使用的象形图不得与 GHS 标准象形图有显著差异。

(2) 信号词/警示词

信号词/警示词用于表示危险有害严重性的相对程度、向使用者警告潜在危害性的语句。GHS 中使用的警示词有“危险（Danger）”和“警告（Warning）”，其中“危险”用于较严重的危害性等级，“警告”用于危害性较低的等级，危险性更低的等级也可不写警示词。

(3) 危害性说明

标签上的危害性说明与各类危险品的危害性及等级标准相对应，表示该产品危害性质和程度。

(4) 注意事项

为了防止接触具有危害性产品或不恰当地存放及处理而产生危害，或者是为了将危险降低到最小，而采取的推荐措施，用文字表示。

(5) 产品名称

GHS规定标签上应有产品名称及其含有的危害性化学物质的名称。混合物或合金的标签上与健康危害有关的所有成分或合金元素也应表示出来。

(6) 生产商/供应商

标签必须将物质的制造厂家或供应商的名称表示出来，同时应标出联系地址和电话号码，可能的话紧急情况下的联系方式也记载在标签。

使用GHS规范的危险化学品标签对于建立全球一致化的化学品分类体系，制定统一的危险公示制度（标签、安全数据单和易懂符号）具有重要意义。高校化学实验室在危险化学品的安全管理中，也应遵循基于GHS的国家标准来进行，与联合国GHS规范接轨。

(7) 货物运输象形图

危险化学品在运输时，其外包装也要求配置运输标志，其象形图与安全标签有一定差异，应按联合国《关于危险货物运输的建议书　规章范本》（后文简称《规章范本》）要求严格执行。

3.2 爆炸物

3.2.1 概述

爆炸物指自身能够通过化学反应产生气体，其温度、压力和速度能对周围环境造成破坏的固体、液体或者固液混合物，也包括不放出气体的发火物质。爆炸物在受热、摩擦、撞击等外界作用下可发生剧烈的化学反应，瞬时产生大量的气体和热量，使周围压力急剧上升，发生爆炸，对周围人员、物品、建筑和环境造成巨大破坏。爆炸毁坏力极大，危害严重，可瞬间殃及人身安全。爆炸物的生产、储存、使用、运输过程中一旦疏忽，都有可能酿成重大事故，造成难以估量的损失。如举世震惊的“8·12天津危险化学品仓库特大火灾爆炸事故”共造成165人遇难，8人失踪，798人受伤，304幢建筑物、12428辆商品汽车、7533个集装箱受损，直接经济损失68.66亿元。高校实验室也频频发生爆炸事故，教训惨痛，引人深思。所有储存和使用爆炸物的实验室要严格加强管理和防控，相关实验人员必须掌握基础的爆炸物安全知识，杜绝爆炸事故的发生。

爆炸物从组成上可分为爆炸化合物和爆炸混合物。爆炸化合物多具不稳定基团如硝基（$R—NO_2$）、硝酸酯（$R—ONO_2$）、过氧基（O—O）、叠氮（ $N\equiv N$ ）、氯酸（ClO_3^-）、高氯酸（ClO_4^-）、亚硝基（N═O）、雷酸（ $N\equiv C$ ）等。化学实验室常见爆炸化合物有过氧化氢（H_2O_2）、高氯酸钾（$KClO_4$）、苦味酸等。爆炸混合物则由两种以上爆炸组分和非爆炸组分经机械混合而成，如硝铵炸药、黑索金、雷管炸药等。

最新国家标准GB 30000.2—2013《化学品分类和标签规范　第2部分：爆炸物》按危险性大小将爆炸物分为六种类别。

① 有整体爆炸危险的物质、混合物和制品（1.1项）

整体爆炸指瞬间引燃几乎所有装填物的爆炸。整体爆炸危险物包括TNT（2,4,6-三硝基甲苯）、黑索金（环三次甲基三硝胺）、硝铵炸药、苦味酸及其盐类、硝酸甘油、三硝基苯、无烟火药、黑火药及其制品等。此类爆炸物主要用于煤矿企业爆破工程、开采矿山、火箭燃料等，化学实验室除苦味酸偶用于分析实验外，其余少见。

② 有迸射危险但无整体爆炸危险的物质、混合物和制品（1.2 项）

此类爆炸物包括火箭弹头、炸弹、催泪弹药、白磷燃烧弹药、空中照明弹、爆炸管、燃烧弹、烟幕弹、催泪弹、毒气弹等，导爆索、摄影闪光弹、闪光粉、不带雷管的民用炸药、民用火箭等。

③ 有燃烧危险和较小爆轰危险或迸射危险或两者兼有，但无整体爆炸危险的物质、混合物及制品（1.3 项）

二亚硝基苯无烟火药、硝基芳香族衍生物钠盐、导火索、点火管、点火引信、苦氨酸、乙醇含量>25%或增塑剂含量>18%的硝化纤维素、礼花弹等均属此项。

④ 不存在显著危险的物质、混合物和制品（1.4 项）

此类爆炸物指爆炸危险性较小，被点燃或引爆时危险作用大部分局限在包装件内部，而对包装件外部无重大危险，射出碎片不大、射程不远，外部火烧不会引起全部内装物的瞬间爆炸，如烟花、爆竹、鞭炮、火炬信号、5-巯基四唑并-1-乙酸、四唑乙酸等。

⑤ 有整体爆炸危险的非常不敏感物质或混合物（1.5 项）

该类物质性质比较稳定，在着火实验中不会爆炸，包括具有整体爆炸危险但在正常运输条件下引爆或从燃烧转爆炸可能性极小的极不敏感的物质。

⑥ 无整体爆炸危险的极端不敏感制品（1.6 项）

本类爆炸物仅含有极不敏感的起爆物质组成的物品，指爆炸危险性仅限于单个物品爆炸的物品，因意外起爆或传爆的可能性极微。

3.2.2 爆炸物的危险特性

(1) 强爆炸性

爆炸品具有化学不稳定性，在一定外界作用下，能以极快速度发生猛烈的化学反应，产生大量气体和热量，使周围的温度迅速升高并产生巨大的压力而引起爆炸。

(2) 强危害性

爆炸品爆炸后可产生危害性极强的冲击波、碎片冲击、震荡作用等。大型爆炸往往具有毁灭性的破坏力，并可在相当大的范围内造成危害，导致人员和财产诸方面重大损失。爆炸常意外突发，在瞬间完成，令人猝不及防，人员伤亡、物质损坏、建筑倒塌也瞬间发生。爆炸时产生的高温辐射还可能使附近人员受到灼烫伤害甚至死亡。

(3) 高敏感度

爆炸物对外界作用如热、火花、撞击、摩擦、冲击波、爆轰波、光和电等极为敏感，极易发生爆炸。一般爆炸物起爆能越小，则敏感度越高，其危险性也就越大。

(4) 火灾危险性

很多爆炸物受激发能源作用发生氧化还原反应可形成分解燃烧，且不需外界供氧。绝大多数爆炸品爆炸时可在瞬间形成高温，引燃旁边可燃物品引发火灾。火灾伴随着爆炸，极易蔓延，增加了事故的危害性，造成更为严重的人员伤亡和财产损失。

(5) 毒害性

很多爆炸品本身具有一定毒性，且绝大多数爆炸品爆炸时产生多种有毒或者窒息性气体，包括 CO、CO_2、NO、NO_2、SO_2 等，可从呼吸道、食道、皮肤进入人体，引起中毒，严重时危及生命。

3.2.3 高校实验室储存爆炸品注意事项

爆炸品具有重大危险，绝大多数属管制易燃易爆品，其使用和储存应遵循相关法律法规。尽管大多数高校化学实验室涉及爆炸品的试剂并不多，但仍需要格外注意爆炸品的储存与使用，因其引发的安全事故破坏性极大，一旦发生，可对周围人员和财产造成极大破坏。爆炸品的储存应注意以下几点。

① 爆炸品应有专门的库房分类存放，最好采用防爆柜存放，由专人负责保管。库房应保持通风阴凉，远离火源、热源、避免阳光直射。爆炸品应按需报备购买，避免一次储存过多。

② 因相互作用而可能爆炸的物质必须分类存放，如过氧化物和胺类，高锰酸钾和浓硫酸，四氯化碳和碱金属等混合后有爆炸危险，必须分开存放。

③ 使用爆炸品应格外小心，轻拿轻放，避免摩擦、撞击和震动。

④ 爆炸品要求配置由象形图和警示词组成的安全警示标签（见图 3.2），标签要素配置规定如表 3.2 所示，并应按要求配置相应警示词。

编 码
产品名称

公司名称
街名及号码
国家、省、城市、邮编
电话号码
紧急呼叫电话
使用说明：
装载质量： 毛重：
有效期： 批号：
装载日期：

危 险
放在儿童无法触及之处。
使用前请读标签。

联合国编号
正式运输名称

危险说明
爆炸物，整体爆炸危险。
防范说明
远离热源/火花/明火/热表面。禁止吸烟。
用适当材料保持湿润。
容器和接收设备接地/等势联接。
不得研磨/冲击/摩擦。
戴防护面具。
火灾时，撤离现场。
火灾时可能爆炸。
火接近到爆炸物时切勿救火。
按照当地有关法律法规储存。
将内装物/容器处理到得到批准的废物处理厂。

图 3.2 爆炸物的警示标签范例

表 3.2 爆炸物标签的配置

爆炸物						
爆炸物类型	1.1 项	1.2 项	1.3 项	1.4 项	1.5 项	1.6 项
危险物象形图					无象形图	无象形图

续表

爆炸物						
信号词	危险	危险	危险	警告	危险	无信号词
危险说明	爆炸物；整体爆炸危险	爆炸物；严重进射危险	爆炸物；燃烧、爆轰或进射危险	燃烧或进射危险	遇火可能整体爆炸	无危险说明
运输象形图	1.1 * 1	1.2 * 1	1.3 * 1	1.4 * 1	1.5 * 1	1.6 * 1

3.2.4　高校实验室常见爆炸物举例

（1）过氧化氢（H_2O_2）

纯过氧化氢为蓝色黏稠状液体，常用其水溶液俗称双氧水，为无色透明液体。低毒，有皮肤腐蚀性。属爆炸性强氧化剂，自身不燃，与可燃物反应放出大量热和氧气引起着火爆炸。浓度超过69%在有适当点火源或温度的密闭容器中产生气相爆炸。与有机物如糖、淀粉、醇类、石油等形成爆炸性混合物，撞击、受热或电火花作用下发生爆炸。碱性溶液下极易分解，遇强光、短波射线照射也可分解，加热100℃以上急剧分解；与许多无机物或杂质接触后迅速分解而爆炸。多数重金属如铜、银、铅、汞、锌、钴等及其氧化物和盐类都是活性催化剂，尘土、香烟灰、碳粉、铁锈等也能加速分解。

双氧水应置于密闭容器储存于阴凉、通风库房，防止日光照射，不宜长时间储存。远离火种、热源，库温不宜超过30℃。应与易燃物、可燃物、还原剂、活性金属粉末等分开存放，切忌混储。

> **案例：** 某研究所实验室发生双氧水爆炸，导致旁边部分居民家玻璃被震碎，所幸没有造成人员伤亡。事故原因主要是操作有爆炸危险特性的双氧水时温度过高，导致爆炸。

（2）苦味酸（三硝基苯酚、TNP）

苦味酸为黄色粉末或针状结晶，具强烈苦味，强酸性。有毒，蒸气吸入可引起支气管炎和结膜炎，经皮肤接触吸收可引起接触性皮炎，长期接触可导致慢性中毒，引起头痛、头晕、恶心呕吐、食欲减退、腹泻和发热等，严重时可引起末梢神经炎、膀胱刺激症状以及肝、肾损害。苦味酸接触明火、高热或受到摩擦震动、撞击可爆炸，有害燃烧产物为CO、CO_2和氮氧化物。与重金属粉末能发生化学反应生成金属盐，增加爆炸敏感度；与强氧化剂可发生反应。

苦味酸应储存于阴凉、通风的库房，远离火源、热源，避免与强氧化剂接触。

3.3 危险气体和气溶胶

3.3.1 概述

气体是指临界温度低于或等于50℃时，蒸气压大于300kPa的物质；或20℃时、标准大气压（101.3kPa）下完全是气态的物质。列入危险品的气体有易燃气体（包括化学不稳定气体)、氧化性气体和加压气体三大类。

易燃气体指在20℃和标准大气压下与空气混合有一定易燃范围的气体，根据易燃性程度分为两类（GB 30000.3—2013）。类别1指20℃、标准大气压下与空气混合物体积分数≤13%即可点燃的气体；或不论易燃下限如何，与空气混合燃烧范围体积分数至少为12%的气体，如压缩或液化的氢气（H_2）、甲烷、烃类气体、液化石油气等。类别2指20℃、标准大气压下与空气混合有易燃范围的气体，如氨、亚硝酸甲酯等。化学不稳定气体指在无空气或氧气下时也能迅速反应的易燃气体，也分为两个类别：类别A指在20℃和标准大气压下化学不稳定的易燃气体，如乙炔、环氧乙烷等；类别B指温度超过20℃和/或气压高于标准大气压时化学不稳定的易燃气体，例如溴乙烯、四氟乙烯、甲基乙烯醚等。

氧化性气体指通过提供氧气促进其他材料燃烧的气体，如O_2、压缩空气等，氧化性气体只有一个类别（类别1）(GB 30000.5—2013)。

加压气体指20℃时压力不小于280kPa的容器中的气体或冷冻液化气体，包括压缩气体、液化气体、溶解气体和冷冻液化气体（GB 30000.6—2013)。压缩气体指压力下包装时，在−50℃是完全气态的气体，包括所有具有临界温度不大于−50℃的气体。液化气体指压力下包装时，温度高于−50℃时部分是液态的气体，包括高压液化气（临界温度−50～65℃）如CO_2、乙烷、氯化氢等，和低压液化气（临界温度≥65℃)，如氨（NH_3)、氯（Cl_2)、溴化氢（HBr）等。溶解气体指在一定压力下包装时，溶解在液相溶剂中的气体，主要特指溶剂乙炔。冷冻液化气体指包装时由于低温而部分成为液体的气体。

此外，GB 4944—2005《危险货物分类和品名编号》按运输危险性将气体分为三类。

(1) 易燃气体

对应GB 30000.3—2013类别1，比如氢气、CO、乙炔、重氮甲烷、CH_4、二甲醚等。

(2) 非易燃无毒气体

指20℃时蒸气压力不低于280kPa或作为冷冻液体运输的不燃、无毒气体。此类气体不燃、无毒，但高压状态下具有潜在爆裂危险，又可分为：①窒息性气体：稀释或取代空气中氧气的气体，如N_2、CO_2、稀有气体等；②氧化性气体：通过提供氧气比空气更能引起或促进其他材料燃烧的气体，如O_2、压缩空气等；③不属于前两类的气体。

(3) 毒性气体

包括已知对人类具有毒性或腐蚀性强到对健康造成危害的气体；或半数致死浓度（LC50）≤5L/m^3的气体。此类气体对人畜有强烈的毒害、窒息、灼伤、刺激作用，如氯、氨、二氧化硫（SO_2)、溴化氢。

气溶胶指喷雾器内装压缩、液化或加压溶解的气体，并配有释放装置以使内装物喷射出来，在气体中形成悬浮的固态或液态微粒或形成泡沫、膏剂或粉末或以液态或气态形式出现。根据其易燃程度，气溶胶可分为三类：类别 1（极易燃气溶胶）、类别 2（易燃气溶胶）和类别 3（不易燃气溶胶）。

3.3.2 气体的危险特性

(1) 物理性爆炸

储存于钢瓶内压缩或液化气体受热易膨胀，导致压力升高，当超过钢瓶耐压强度时可发生钢瓶爆炸。特别是液化气体钢瓶内气液共存，运输、使用或储存中受热或撞击等外力作用瓶内液体会迅速气化，使钢瓶内压急剧增高，导致爆炸，造成人员伤亡和财产损失。钢瓶爆炸时易燃气体及爆炸碎片的冲击能间接引起火灾。

(2) 化学性爆炸

易燃气体和氧化性气体化学性质活泼，普通状态下可与很多物质发生反应或爆炸燃烧。例如，乙炔、乙烯与氯气混合遇日光会发生爆炸；液态氧与有机物接触能发生爆炸；压缩氧与油脂接触能发生自燃。

(3) 易燃性

易燃气体遇火源极易燃烧，与空气混合到一定浓度会发生爆炸。爆炸极限宽的气体的火灾、爆炸危险性更大。

(4) 扩散性

比空气轻的易燃气体逸散在空气中可以很快地扩散，一旦发生火灾会造成火焰迅速蔓延。比空气重的易燃气体泄漏出来，往往漂浮于地面或房间死角中，长时间积聚不散，一旦遇到明火，易导致燃烧爆炸。

(5) 腐蚀性、毒害性及窒息性

含硫、氮、氟元素的气体多数有毒，如硫化氢（H_2S）、氯乙烯、液化石油气等。有些气体有腐蚀性，如硫化氢、氨、三氟化氮（NF_3）等，不仅可引起人畜中毒，还会使皮肤、呼吸道黏膜等受严重刺激和灼伤而危及生命。有些气体有窒息性，大量压缩或液化气体及其燃烧后的直接生成物扩散到空气中时空气中氧含量降低，人因缺氧而窒息。

3.3.3 危险气体的储存注意事项

(1) 危险气体的储存

气体一般储存于钢瓶中，钢瓶的储存应注意以下几点。

① 远离火源、热源，避免受热膨胀引起爆炸；性质相互抵触的应分开存放，如氢气与氧气钢瓶等不得混储。有毒和易燃易爆气体钢瓶应放在室外阴凉通风处。压缩气体和液化气体严禁超量灌装。

② 钢瓶不得撞击或横卧搬动；在搬运钢瓶过程中，必须给钢瓶配上安全帽，钢瓶阀门必须旋紧。

③ 使用前要检查钢瓶附件是否完好、封闭是否紧密、有无漏气现象。如发现钢瓶有严重腐蚀或其他严重损伤，应将钢瓶送有关单位进行检验。超过使用期限的钢瓶不能延期使用。

(2) 配置安全警示标签

易燃气体、氧化性气体、加压气体和易燃气溶胶均应按 GHS 要求配置安全警示标签

（见图 3.3、表 3.3～表 3.5），并配置相应警示词。

公司名称

危　险
放在儿童无法触及之处
使用前请读标签

运输象形图

联合国编号
正式运输名称

街名及号码
国家、省、城市、邮编
电话号码
紧急呼叫电话

极易燃气体

远离热源/火花/明火/热表面。禁止吸烟。
生产商/供应商或主管部门规定适用的点火源。

使用说明：

漏气着火：切勿灭火，除非漏气能够安全地制止。

装载质量：　　批号：
毛　重：　　装载日期：
有效期：

除去一切点火源，如果这么做没有危险。

存放在通风良好的地方。

图 3.3　易燃气体警示标签示例

表 3.3　易燃气体、化学不稳定气体氧化性气体标签的配置

气体类型	易燃气体		化学不稳定气体		氧化性气体
类别	类别 1	类别 2	类别 A	类别 B	类别 1
危险物象形图		无象形图	无象形图	无象形图	
信号词	危险	警告	无信号词	无信号词	危险
危险说明	极易燃气体	易燃气体	无空气也可能迅速反应	升高大气压和/或温度、无空气也可能迅速反应	可引起燃烧或加剧燃烧；氧化剂
运输象形图		《规章范本》中未作要求			

表 3.4　加压气体标签的配置

加压气体				
气体类型	压缩气体	液化气体	溶解气体	冷冻液化气体
危险物象形图				

续表

加压气体				
信号词	警告	警告	警告	警告
危险说明	内装加压气体；遇热可能爆炸	内装加压气体；遇热可能爆炸	内装加压气体；遇热可能爆炸	内装冷冻气体；可能造成低温灼伤或损伤
运输象形图				

表 3.5　易燃气溶胶标签的配置

易燃气溶胶			
类别	类别 1	类别 2	类别 3
危险物象形图			无象形图
信号词	危险	警告	警告
危险说明	极易燃气溶胶；带压力容器：如受热可能爆裂	易燃气溶胶；带压力容器；如受热可能爆裂	带压力容器；如受热可能爆裂
运输象形图			

3.3.4　高校化学实验室常见危险气体举例

(1) 氢气（H_2）

氢气为无色无味气体，无毒。高温易燃易爆，和 F_2、Cl_2、O_2、CO 以及空气混合均有爆炸的危险；与氟气混合物在低温和黑暗环境就能发生自发性爆炸，与氯气体积比 1∶1 混合时光照可爆炸。氢气比空气轻，在室内使用和储存时，漏气上升滞留屋顶不易排出，遇火星引起爆炸。

氢气应储存于阴凉、通风库房，温度不宜超过 30℃，远离火种、热源，防止阳光直射。应与 O_2、压缩空气、卤素（氟气、氯气、溴）、氧化剂等分开存放，切忌混储。储存间内照明、通风等设施应采用防爆型，开关设在仓外，配备相应品种和数量的消防器材。氢气钢瓶购买验收时要注意验瓶日期，搬运时轻装轻卸，防止钢瓶及附件破损。

案例：某高校化学实验室突然爆炸起火，火灾发生时火苗和黑烟不断从实验室的窗户冒出，一名研究人员当场死亡。事故原因是实验所用氢气瓶意外爆炸并起火，操作人员未注意钢瓶检验日期，也未对氢气瓶进行固定，导致事故发生。

(2) 一氧化碳（CO）

CO为无色无味气体。剧毒，极易与血红蛋白结合形成碳氧血红蛋白，使血红蛋白丧失携氧能力和作用，造成组织窒息，严重时死亡。光照爆炸分解，与空气混合爆炸极限为12.5%～74.2%。

CO存于通风阴凉的地方，贮存温度不应超过30℃，避开热源、火源和阳光直射。应与氧气、压缩空气、强氧化剂等分开存放，切忌混贮混运。一氧化碳钢瓶购买验收时要注意验瓶日期，搬运时轻装轻卸，防止钢瓶及附件破损。高压气瓶应定时检验，我国的一氧化碳钢瓶检验日期是两年。

案例：某高校化学系一名博士生发现另一名博士生昏厥在实验室，便呼喊老师寻求帮助，并拨打120急救电话，本人随后也晕倒在地。120急救车抵达现场后将两位同学送往医院，第一位倒地的博士生抢救无效死亡。经调查发现，该校几名教师事发当日在实验过程中误将本应接入其他实验室的CO接至两位博士生所在实验室的输气管内，导致事故发生。

3.4 易燃物质

3.4.1 易燃液体

3.4.1.1 概述

国家标准GB 30000.7—2013《化学品分类和标签规范　第7部分：易燃液体》规定易燃液体指闪点不高于93℃的液体。闪点是衡量易燃液体火灾危险性大小的主要特性，闪点越低，火灾危险性越大（见表3.6）。易燃液体根据闪点大小分为四类：类别1的闪点小于23℃且初沸点不大于35℃，如乙醚、石油醚等；类别2的闪点小于23℃且初沸点大于35℃，如丙酮、乙酸乙酯等；类别3的闪点不小于23℃且不大于60℃，如正丁醇、乙二胺等；类别4的闪点大于60℃且不大于93℃，如萘、乙醇胺等。有机化学教学及科研实验普遍大量储存及使用的有机溶剂多为易燃液体，存在安全隐患，应着重进行安全防控。

表3.6　实验室常用易燃液体的闪点和沸点（20℃、1个标准大气压下）

名称	闪点/℃	沸点/℃	名称	闪点/℃	沸点/℃
正戊烷	<−60	36.1	1,2-环氧丙烷	−37	33.9
乙醚	−45	34.5	二硫化碳	−30	46.5

续表

名称	闪点/℃	沸点/℃	名称	闪点/℃	沸点/℃
正己烷	−25.5	68.7	甲苯	4	110.6
二乙胺	−23	55.5	乙腈	2	81.1
石油醚	<−20	30～90	甲醇	11	64.8
四氢呋喃	−20	65.4	乙醇	12	78.3
丙酮	−20	56.5	乙酸丁酯	22	126.1
原油	<−18	120～200	正丁醇	35	117.5
环己烷	−16.5	80.7	乙酸	39	118.1
苯	−11	80.1	乙二胺	43	117.2
丙烯腈	−5	77.3	煤油	43～72	175～325
乙酸乙酯	−4	77.2	萘	78.9	217.9
吡啶	17	115.3	乙醇胺	93	170.5
甲苯	4	110.6	二氯甲烷	—	39.8
乙酰氯	4	51.0			

3.4.1.2 易燃液体的危险特性

(1) 高度易燃易爆性

易燃液体在常温条件下遇明火极易燃烧，当易燃液体表面上蒸气浓度达到其爆炸浓度极限范围时，遇到明火即可发生爆炸。

(2) 易挥发

多数易燃液体分子量较小，沸点较低，一般低于100℃，易挥发，蒸气压大，液面蒸气浓度较大，遇明火即能使其表面蒸气闪燃。燃点也低，一般比闪点高1～5℃，当达到燃点时，燃烧不局限于液体表面蒸气的闪燃，由于液体源源不断供应可燃蒸气可持续燃烧。

(3) 流动性

易燃液体大都黏度较小，一旦泄漏则会很快流向四周低处，随着接触空气面积增加，蒸气速度也会大大加快，空气中蒸气浓度迅速提高，易燃蒸气在空气中的体积也增大，增加了爆炸的危险性。

(4) 受热膨胀性

易燃液体的膨胀系数一般都较大，储存在密闭容器中的易燃液体，一旦受热会导致体积膨胀，蒸气压增加，使容器所承受的压力增大，若该压力超过了容器所能承受的最大压力就会造成容器的变形甚至破裂，产生极大危险。

(5) 易产生积聚静电

一般易燃液体的电阻率大（109～1014欧·厘米），在输送、灌装、过滤、混合、搅拌、喷射、激荡、流动时极易产生和积聚静电，累积到一定程度将会产生火花，火花极易引起易燃液体燃烧。

(6) 易氧化性

易燃液体一般含有碳、氢元素，容易接受氧元素而被氧化，当遇到强氧化剂或强酸时，能迅速被氧化且放出大量的热而引起燃烧或爆炸，如乙醇遇高锰酸钾放热并发生燃烧。

(7) 毒害性与腐蚀性

绝大多数易燃液体及其蒸气都具有一定的毒性，会通过与皮肤的接触或呼吸吸入人体，致使人出现昏迷或窒息，严重时死亡。有的易燃液体及蒸气还有刺激性和腐蚀性，能通过皮肤、呼吸道、消化道等途径刺激或灼伤皮肤或器官，造成机体组织的损伤。

3.4.1.3 高校化学实验室易燃液体的储存注意事项

高校化学实验室易燃液体的储存注意事项如下所示：

① 易燃液体应存放于阴凉通风处，专柜储存，分类存放。不得敞口存放，定时检查容器有无损坏，以免造成泄漏事故。取用时轻拿轻放，防止相互碰撞或损坏容器；

② 易燃液体应配置 GHS 规范的标签，标签要素配置如图 3.4、表 3.7 所示。

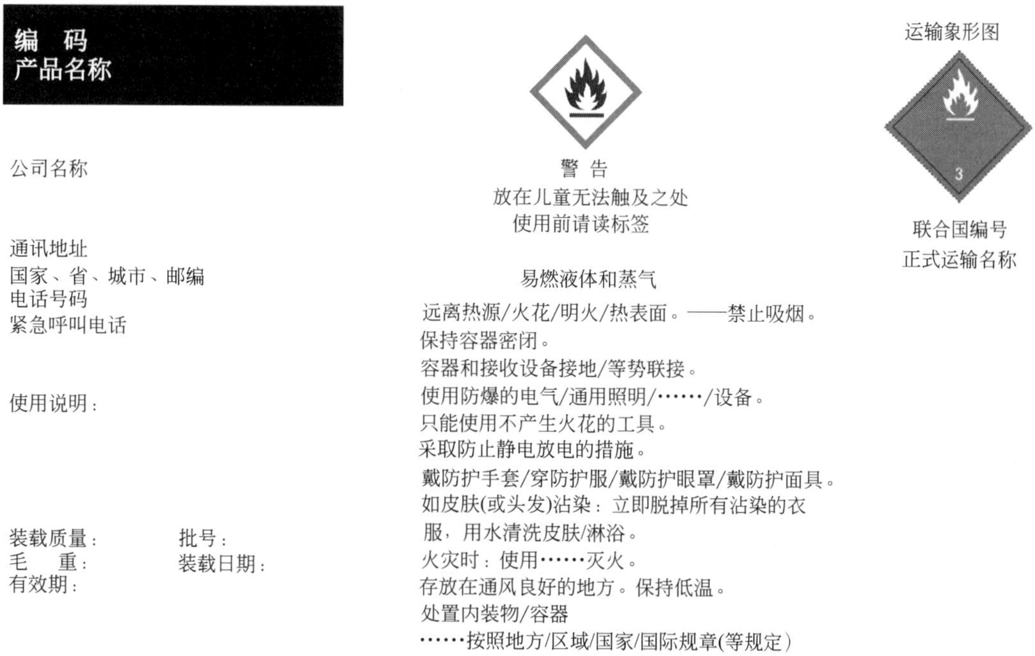

编 码
产品名称

公司名称

通讯地址
国家、省、城市、邮编
电话号码
紧急呼叫电话

使用说明：

装载质量：　　批号：
毛　重：　　装载日期：
有效期：

警 告
放在儿童无法触及之处
使用前请读标签

易燃液体和蒸气

远离热源/火花/明火/热表面。——禁止吸烟。
保持容器密闭。
容器和接收设备接地/等势联接。
使用防爆的电气/通用照明/……/设备。
只能使用不产生火花的工具。
采取防止静电放电的措施。
戴防护手套/穿防护服/戴防护眼罩/戴防护面具。
如皮肤(或头发)沾染：立即脱掉所有沾染的衣服，用水清洗皮肤/淋浴。
火灾时：使用……灭火。
存放在通风良好的地方。保持低温。
处置内装物/容器
……按照地方/区域/国家/国际规章(等规定)

运输象形图

3

联合国编号
正式运输名称

图 3.4 易燃液体安全标签示例

表 3.7 易燃液体标签的配置

易燃液体				
类别	类别 1	类别 2	类别 3	类别 4
危险物象形图				无象形图
信号词	危险	危险	警告	警告
危险说明	极易燃液体和蒸气	高度易燃液体和蒸气	易燃液体和蒸气	可燃液体
运输象形图	 3	 3	 3	《规章范本》中未作要求

3.4.1.4 高校化学实验室常见易燃液体举例

(1) 甲醇（CH_3OH）

甲醇为有刺激性气味的无色澄清气体，易挥发，相对蒸气密度 1.11（空气＝1），闪点 12℃。有毒，刺激呼吸道及胃肠道黏膜，麻醉中枢神经；对视神经和视网膜有特殊选择作用可导致失明。甲醇极易燃，遇明火、高热能引起燃烧爆炸，与空气形成爆炸性混合物，与氧化剂接触发生化学反应或引起燃烧。其蒸气比空气重，能在较低处扩散到相当远的地方，遇明火引起燃烧。

甲醇应密封储存于阴凉、通风仓间，防止阳光直射。远离火种、热源，库温不宜超过 30℃。与氧化剂、酸类、碱金属等分开存放，不得混储。库房采用防爆型照明、通风设施，禁止使用易产生火花的机械设备和工具，并配备相应品种和数量的消防器材。

> **案例：**2003 年 5 月某高校一名研究生在操作反应釜时，反应釜里面是甲醇溶剂，该生穿着毛衣进行实验，结果由于反应釜中甲醇温度还较高，空气中甲醇蒸气较多，该学生衣服产生静电，引起甲醇燃烧爆炸，导致该生死亡。

(2) 乙醚（$CH_3CH_2OCH_2CH_3$）

乙醚为芳香气味无色透明液体，极易挥发（沸点 34.6℃，常用液体试剂中沸点最低），相对蒸气密度 2.56（空气＝1）。闪点－45℃。有毒，液体或高浓度蒸气对眼有刺激性，大量接触易导致嗜睡、呕吐、体温下降和呼吸不规则而有生命危险。易燃易爆气体，遇明火、高热极易燃烧爆炸（燃点 160℃，爆炸界限 1.85%～36.5%），其蒸气与空气形成爆炸性混合物，与氧化剂强烈反应。蒸气重于空气，在较低处易扩散而导致回燃。

乙醚应密封储存于阴凉、通风的仓间内，远离火种、热源、氧化剂、氟、氯等，防止阳光直射。应按需购买，不宜大量购买或久存。

> **案例 1：**某高校一名老师采用乙醚进行回流提取时，离开实验室外出办事。实验室突然停水，致使乙醚大量挥发到空气中，引起乙醚在空气中燃烧爆炸，好在实验室天花板和实验台面均是防火材料，未产生严重后果。
>
> **案例 2：**某高校一名博士研究生在使用乙醚进行索氏提取后，采用旋转蒸发仪浓缩乙醚，虽然水浴锅温度只是室温（35℃），也没有开真空抽气泵，但由于天气太热，乙醚还是暴沸把旋蒸瓶冲掉，致使该名博士生的脸上和身上被喷了大量乙醚。该学生旋蒸乙醚时，未用夹子扣紧旋蒸的旋转轴和烧瓶是导致事故发生的主要原因。

(3) 苯

苯是强烈芳香味的无色透明液体，沸点（80℃），相对密度 2.77（空气＝1），闪点－11℃。遇明火、高热极易燃烧爆炸（爆炸界限 1.2%～8.0%），燃烧产物为 CO、CO_2。与氧化剂强烈反应，易产生和聚集静电，有燃烧爆炸危险。其蒸气较空气重，易扩散，遇明火引起回燃。苯有较强的致癌性，高浓度苯对中枢神经系统有麻痹作用，轻者有头痛、头晕、恶心呕吐、步态蹒跚等酒醉状态，重者发生昏迷、抽搐、血压下降，以致呼吸和循环衰竭。

密封储存于阴凉、通风仓间，远离火种、热源和氧化剂，防止阳光直射。配备相应品种和数量的消防器材。罐储时要有防火防爆技术措施，禁止使用易产生火花的机械设备和工具。

案例：某高校老师在实验教学中采用苯作为洗脱剂进行硅胶柱色谱，由于大量使用苯，很多同学在实验后感觉头昏、恶心，该学校在此次实验后明确规定实验室中禁止大量使用苯做溶剂或者洗脱剂。

3.4.2 易燃固体

3.4.2.1 概述

易燃固体指容易燃烧，可通过摩擦引燃或助燃的固体（GB 30000.7—2013）。根据联合国《关于危险货物运输的建议书　实验和标准手册》（第五版）规定的实验方法进行一次或多次实验，100mm 的连续的带或粉带燃烧时间少于 45s 或燃烧速率大于 2.2mm/s 的物质为易燃固体。易燃固体燃点低，对热、撞击、摩擦敏感，易被外部火源点燃，燃烧迅速，并可能散发出有毒烟雾或有毒气体的固体，实验室常见红磷、硫黄等即为易燃固体。

根据燃烧速率实验易燃固体可分为两类。类别 1：燃耗速率实验，除金属粉末外的物质或混合物，潮湿区不能阻挡火焰，且 100mm 连续的带或粉带燃烧时间小于 45s 或燃烧速率大于 2.2mm/s；金属粉末 100mm 连续粉末带的燃烧时间不大于 5min，如红磷、2,4-二硝基苯甲醚、2,4-二硝基苯肼、十硼烷、偶氮二甲酰胺等。类别 2：燃耗速率实验，除金属粉末外的物质或混合物，潮湿区阻挡火焰至少 4min，且 100mm 连续带或粉带燃烧时间小于 45s 或燃烧速率大于 2.2mm/s；金属粉末 100mm 连续粉末带的燃烧时间大于 5min 且不大于 10min，如 2,4-二硝基氯化苄、硅粉、金属锆、锰粉、龙脑、硫黄等。

3.4.2.2 易燃固体的危险特性

（1）易燃性

易燃固体在常温等很小能量的着火源下就能引起燃烧；受摩擦、撞击等外力也能引起燃烧。易燃固体与空气接触面积越大，越容易燃烧，燃烧速率也越快，发生火灾的危险性也就越大。

（2）易爆性

易燃固体多数具有较强还原性，易与氧化剂发生反应，尤其是与强氧化剂接触时，能够立即引起着火或爆炸。

（3）毒害性

许多易燃固体不但本身具有毒性，而且燃烧后还可生成有毒物质。

（4）敏感性

易燃固体对明火、热源、撞击比较敏感。

（5）易分解或升华

易燃固体容易被氧化，受热易分解或升华，遇火源、热源引起剧烈燃烧。

(6) 分散性

易燃固体具有可分散性，其固体粒度小于 0.01mm 时可悬浮于空气中，有粉尘爆炸的危险。

3.4.2.3 储存

(1) 易燃物质应远离火源，储存在通风、干燥、阴凉仓库内，不得与酸类、氧化剂混储。使用时轻拿轻放，避免摩擦、撞击引起火灾。

(2) 易燃固体应配置 GHS 规范的警示标签，标签要素如表 3.8 所示。

表 3.8 易燃固体标签的配置

易燃固体		
类别	类别 1	类别 2
危险物 象形图		
信号词	危险	警告
危险说明	易燃固体	易燃固体
运输 象形图		

3.4.2.4 高校实验室常见易燃固体举例

红磷，又名赤磷，紫红色有金属光泽的无定形粉末，无嗅。闪点 30℃。有毒，长期吸入可引起慢性磷中毒。遇明火、高热、摩擦、撞击有引起燃烧的危险，燃烧产生有毒白烟 P_2O_5。与大多数氧化剂如氯酸盐、硝酸盐、高氯酸盐等组成爆炸性十分敏感的混合物。

红磷应储存于阴凉、通风库房，并与氧化剂、卤素、卤化物等分开存放，切忌混存。

3.5 自燃、自反应、自热和遇湿自燃物质

3.5.1 自燃物质

3.5.1.1 概述

自燃物质是指自燃点低，在空气中易发生氧化反应放出热量而自行燃烧的自燃液体（GB 30000.10—2013）和自燃固体（GB 30000.11—2013）。联合国《关于危险货物运输的建议书 实验和标准手册》（第五版）规定该类物品是与空气接触后 5min 内会发生燃烧的

物质。常见自燃固体有黄磷、钡合金、二苯基镁、金属锶、硼氢化铝等，自燃液体有二甲基锌、三丁基铝、烷基锂等。

3.5.1.2 危险特性

自燃物质在化学结构上并无规律性，故自燃原因和特性不一致，其主要具有以下危险特性。

(1) 无氧自燃性

有些易燃物质在缺氧条件下无需掺入空气也可发生危险化学反应，放出热量也能发生自燃起火，如黄磷、煤、锌粉等。

(2) 氧化自燃性

部分自燃物质化学性质非常活泼，自燃点低，具有极强还原性，接触空气中的氧或氧化剂，立即发生剧烈的氧化反应，放出大量热，达到自燃点而自燃甚至爆炸。如黄磷遇空气起火，生成有毒的 P_2O_5。

(3) 积热自燃性

有些自燃物质含有较多不饱和双键，遇氧或氧化剂易发生氧化反应，放出热量。如果通风不良，热量聚积不散，致使温度升高，又会加快氧化速率，产生更多的热，促使温度升高，最终会积热达到自燃点而引起自燃。

(4) 遇湿易燃性

有些自燃物质在空气中能氧化自燃，遇水或受潮后还可分解而自燃爆炸。

3.5.1.3 储存

① 自燃物质应储存于通风、阴凉、干燥处，远离明火与热源，防止阳光直射。应单独存放，不得混储，避免与氧化剂、酸、碱等接触。忌水的物品必须密封包装，不得受潮，注意空气湿度。

② 自燃物质应配置 GHS 规范警示标签，标签要素如表 3.9 所示。

表 3.9 自燃物质标签的配置

自燃物质	自燃液体	自燃固体
类别	类别 1	类别 1
危险物象形图		
信号词	危险	危险
危险说明	暴露在空气中自燃	暴露在空气中自燃
运输象形图	4	4

3.5.1.4 常见自燃物质举例

黄磷又名白磷，白色或浅黄色半透明性固体。暴露空气中在暗处产生绿色磷光和白烟。能直接与卤素、硫、金属等起作用，与硝酸生成磷酸，与氢氧化钠或氢氧化钾生成磷化氢及次磷酸钠。黄磷有毒，人中毒剂量为15mg，致死量为50mg，误服黄磷后很快出现严重胃肠道刺激腐蚀症状，大量摄入可因全身出血、呕血、便血和循环系统衰竭而死。

黄磷储存在水中，与空气隔绝。同时应远离火源、热源，并与易燃物、可燃物、氧化剂等隔离。

3.5.2 遇湿易燃物质

3.5.2.1 概述

遇湿易燃物质又称为遇水放出易燃气体的物质，指通过与水作用，容易具有自燃性或放出危险易燃气体的固态或液态物质。此类物质遇水或受潮后，发生剧烈化学反应，放出大量的易燃气体和热量的物品，不需明火即能燃烧或爆炸。

按照联合国GHS标准，遇湿易燃物质可分为三类。

类别1：在环境温度下与水剧烈反应，所产生的气体具有自燃倾向，或在环境温度下容易与水反应，放出易燃气体的速率大于或等于每份10m^3/kg的物质或混合物。如金属锂、金属钠、金属钾、硼氢化锂（钠、钾）属于类别1。

类别2：在环境温度下易与水反应，放出易燃气体的最大速率大于或等于每小时20L/kg，如金属镁、铝镁合金粉、铝粉等。

类别3：环境温度下与水缓慢反应，放出易燃气体的最大速率大于或等于每小时1L/kg，如硅铝粉、锌灰等。

3.5.2.2 危险特性

(1) 遇水易燃易爆性

遇水后发生剧烈反应，产生的可燃气体多，放出的热量大。当可燃气体遇明火或由于反应放出的热量达到引燃温度时，就会发生着火爆炸，如金属钠、碳化钙等。

(2) 与氧化剂剧烈反应

遇湿易燃物质大都有很强的还原性，遇到氧化剂或酸时反应更加剧烈。

(3) 自燃危险性

有些遇湿易燃物质不仅遇水易燃放出易燃气体，而且在潮湿空气中能自燃，特别是在高温下反应比较强烈，放出易燃气体和热量。

(4) 毒害性和腐蚀性

很多遇湿易燃物质本身具有毒性，有些遇湿后还可放出有毒的气体。

3.5.2.3 储存

① 遇湿易燃物质应专柜存放，不得与酸、氧化剂混放。包装必须严密，不得破损，以防吸潮或与水接触，不得与其他类别的危险品混存混放，使用和搬运时不得摩擦、撞击、

倾倒。

② 金属钠、钾必须浸没在液体石蜡中，瓶子密封，在阴凉处保存。

③ 遇湿易燃物质应配置 GHS 规范的警示标签，其标签要素如表 3.10 所示。

表 3.10 遇湿易燃物质标签的配置

遇水放出易燃气体的物质和混合物			
类别	类别 1	类别 2	类别 3
危险物象形图			
信号词	危险	危险	警告
危险说明	遇水放出可自燃的易燃气体	遇水放出易燃气体	遇水放出易燃气体
运输象形图			

3.5.2.4 常见遇湿易燃物质举例

(1) 金属钠（Na）

金属钠为银白色，有金属光泽，质软，刀可以较容易切开。化学性质很活泼，常温和加热时分别与氧气化合，和水剧烈反应，量大时发生爆炸。可在 CO_2 中燃烧，和低元醇反应产生氢气，和电离能力很弱的液氨也能反应。

金属钠应密封保存在液体石蜡中，在阴凉处保存，工业品用煤油或柴油封装到金属桶中。

案例：某高校化学学院实验教师使用金属钠制醇钠时，把金属钠加入乙醇中，因金属钠和乙醇反应放热，因此装乙醇的烧瓶置于冰水浴中冷却。然而该教师操作时不小心把一块金属钠掉入冰水中，发生了一次小型燃烧和爆炸，致使装乙醇的烧瓶破裂，烧瓶中未反应完的金属钠落入冰水引起剧烈燃烧和爆炸，实验室屋顶都被烧黑，多名老师冒着生命危险，经近 5 分钟才把明火扑灭。

(2) 氢化钙（CaH_2）

氢化钙为灰白色结晶或块状，化学反应活性很高，遇潮气、水或酸类发生反应，放出氢气并能引起燃烧，与氧化剂、金属氧化物剧烈反应。遇湿气和水分生成氢氧化物，腐蚀性很强。对黏膜、上呼吸道、眼和皮肤有强烈的刺激性。吸入后可因喉及支气管的痉挛、炎症、水肿、化学性肺炎或肺水肿而致死。

储存于阴凉、干燥、通风良好的专用库房内，远离火种、热源。库温不超过 32℃，相对湿度不超过 75%。包装必须密封，切勿受潮。应与氧化剂、酸类、醇类、卤素等分开存放，切忌混储。采用防爆型照明、通风设施。禁止使用易产生火花的机械设备和工具。

3.5.3 自热物质和自反应物质

3.5.3.1 概述

自热指物质与空气中氧气逐渐发生反应产生热量的过程。自热物质是指与空气接触不需要能量供应就能够自燃的固态或液态物质或混合物（GB 30000.12—2013）。自热物质与自燃物质不同之处在于其仅在大量（公斤级）并经长时间（数小时）才会发生自燃现象。根据其自热反应发生的难易程度，通过联合国 GHS 标准实验，自热物质可分为类别 1 和类别 2。属于类别 1 的有镁粉、铝镁合金、锌粉、甲醇钾、镁等。类别 2 有钙粉、二硫化钛、硫氢化钠等。

自反应物质指即使没有空气（氧气）也容易发生激烈放热分解的热不稳定液态或固态物质或混合物（GB 30000.10—2013）。部分自反应物质的组分容易起爆、迅速爆燃或在封闭条件下加热时剧烈反应，此类物质应视为具有爆炸性质。自反应物质可分为七类。

A 型：在包装件中可能起爆或迅速爆燃的自反应物质。

B 型：在包装件中不会起爆或迅速爆燃，但可能发生热爆炸的具有爆炸性质的自反应物质，如 2-重氮-1-萘酚-5-磺酰氯、2-重氮-1-萘酚-4-磺酰氯等。

C 型：在包装件中不可能起爆或迅速爆燃或发生热爆炸的具有爆炸性质的自反应物质，如 *N*,*N*-二亚硝基-*N*,*N*-二甲基对苯二甲酰胺、氟硼酸-3-甲基-4-（吡咯烷-1-基）重氮苯等。

D 型：实验中部分起爆，不迅速爆燃，封闭条件下加热不呈现任何剧烈效应；或根本不起爆，缓慢爆燃，封闭条件下加热不呈现任何剧烈效应；或根本不起爆和爆燃，封闭条件下加热呈现中等效应，如发泡剂 BSH（苯磺酰肼）、二-（苯磺酰肼）醚等。

E 型：实验中根本不起爆也根本不爆燃，封闭条件下加热呈现微弱效应或无效应的自反应物质，如 1-三氯锌酸-4-二甲氨基重氮苯。

F 型：实验中根本不在空化状态起爆也根本不爆燃，封闭条件下加热只呈现微弱效应或无效应，爆炸力弱或无爆炸力的自反应物质。

G 型：实验中既绝不在空化状态下起爆也绝不爆燃，封闭条件下加热显示无效应，而且无任何爆炸力，只要是热稳定的（50kg 包装的自加速分解温度为 60～75℃），对于液体混合物，用沸点不低于 150℃的稀释剂减感的任何自反应物质或混合物将被确定为 G 型自反应物质。如果该混合物不是热稳定的，或用沸点低于 150℃的稀释剂减感，则该混合物应确定为 F 型自反应物质。

3.5.3.2 危险特性

（1）无氧易爆性

自反应物质在没有空气、氧气供给下也可发生激烈放热分解反应，部分自反应物质具有爆炸物性质，易引发爆炸事故。

（2）自燃危险性

自热物质暴露在空气中，不需要能量供应就能够发生自燃，若不及时发现则可引起火灾安全事故。

3.5.3.3 储存注意事项

① 自热物质和自反应物质应储存于通风、干燥、阴凉处，远离火种、热源。库温不超过 25℃，相对湿度不超过 75%。应专柜存放，不得混储。自热物质应按需采购，不宜储存过多。使用和搬运时不得摩擦、撞击、倾倒。

② 自热物质和自反应物质应配置 GHS 规范的警示标签，标签要素如表 3.11、表 3.12 所示。

表 3.11 自热物质标签的配置

自热物质		
类别	类别 1	类别 2
危险物象形图		
信号词	危险	警告
危险说明	自热;可能燃烧	数量大时自热;可能燃烧
运输象形图		

表 3.12 自反应物质标签的配置

自反应物质					
类别	A 型	B 型	C 型/D 型	E 型/F 型	G 型
危险物象形图		 			本危险类别没有分配标签要素
信号词	危险	危险	危险	警告	
危险说明	加热可能爆炸	加热可能起火或爆炸	加热可能起火	加热可能起火	
运输象形图	同爆炸物 				《规章范本》中未作要求

3.5.3.4 实验室常见自热物质应用举例

锌粉为深灰色的细小粉末。有毒，吸入锌在高温下形成的氧化锌烟雾可致金属烟雾热，症状有口中金属味、口渴、胸部紧束感、干咳、头痛、头晕、高热、寒颤等；粉尘对眼有刺激性。锌粉具强还原性，与水、酸类或碱金属氢氧化物接触能放出易燃的氢气。与氧化剂、硫黄反应会引起燃烧或爆炸。粉末与空气能形成爆炸性混合物，易被明火点燃引起爆炸，潮湿粉尘在空气中易自行发热燃烧。

锌粉应储存于阴凉、干燥、通风良好的库房。远离火种、热源。库温不超过 25℃，相对湿度不超过 75%。包装密封。应与氧化剂、酸类、碱类、胺类、氯代烃等分开存放，切忌混储。采用防爆型照明、通风设施。

3.6 氧化性物质和有机过氧化物

3.6.1 概述

氧化性物质指本身未必可燃，但通常会放出氧气可能引起或促使其他物质燃烧的无机物。根据其形态分为氧化性液体（GB 30000.14—2013）和氧化性固体（GB 30000.15—2013），通过 GHS 标准试验，根据其氧化性的大小，氧化性液体和氧化性固体又分别分为 3 小类：类别 1、类别 2 和类别 3。氧化性液体常见的有发烟硝酸、硝酸、双氧水、高氯酸等，其中属于类别 1 的有发烟硝酸、高氯酸（浓度$>$50%）、双氧水（浓度$\geq$60%）。氧化性固体常见有高氯酸盐类、硝酸盐类、氯酸盐类、重铬酸盐类、过氧化物和超氧化物、高锰酸钾等，属于类别 1 的有氯酸钠、高氯酸钾（钠、铵）、过氧化钠（钾）、超氧化钠（钾）等。

此类物质本身虽然不一定可燃，但能导致可燃物的燃烧，与粉末状可燃物组成爆炸性混合物，对热、震动或摩擦较为敏感，属于危险性较大的化学品。

有机过氧化物指分子组成中含有过氧基（O—O）的有机物及其混合物，可视为过氧化氢的一个或两个氢原子被有机基团取代的衍生物。有机过氧化物可发生放热自加速分解，属于热不稳定的物质，通常具有易爆炸分解、迅速燃耗、对热、震动或摩擦极为敏感等性质。

有机过氧化物按其危险性大小划分为 7 种类型。

A 型：指易于起爆或快速爆燃，或在封闭状态下加热时呈现剧烈效应的有机过氧化物，因其有敏感易爆性，应按爆炸品对待。

B 型：指有爆炸性，配置品在包装运输时不起爆，也不会快速爆燃，但在包件内部易产生热爆炸的有机过氧化物，如过氧化乙酰磺酰环己烷、过氧化异丁酸叔丁酯、间氯过氧苯甲酸、过氧化甲基乙基酮等。

C 型：指在包装运输时不起爆、不快速爆燃，也不易受热爆炸，但仍具有潜在爆炸可能的有机过氧化物，如过氧化叔戊基新戊酸酯、过氧化叔丁基二乙基乙酸酯、叔丁基过氧-2-甲基苯甲酸酯等。

D 型：指在封闭条件下进行加热试验时，呈现部分起爆，但不快速爆燃且不呈现剧烈效应，或不爆轰但可缓爆燃并不呈剧烈效应，或不爆轰爆燃，但呈现中等效应的有机过氧化物，如过氧化乙酰磺酰环己烷（含量≤32%）、过氧化氢叔辛基等。

E型：指在封闭条件下进行加热试验时，不起爆、不爆燃，只呈现微弱效应的有机过氧化物，如过氧化月桂酸、过氧化氢叔丁基（含量≤79%）等。

F型：指在封闭条件下进行加热试验时，既不引起空化状态的爆炸，也不爆燃，只呈现微弱爆炸力或没有任何效应，而呈现微弱爆炸力或没有爆炸力的有机过氧化物，如过氧化氢二异丙苯、过氧乙酸等。

G型：指在封闭条件下进行加热试验时，既不引起空化状态的爆炸，也不爆燃，且不呈现声效应及没有任何爆炸力的有机过氧化物。

3.6.2 氧化性物质和有机过氧化物的危险特性

(1) 强氧化性

过氧化物含有过氧基，很不稳定，易分解放出氧，无机氧化物含有高价态的氯、溴、氮、锰和铬等元素，具有较强获得电子和氢的能力，遇易燃物品、可燃物、有机物、还原剂等剧烈化学反应引起燃烧爆炸。

(2) 遇热分解性

氧化剂遇高温易分解出氧和热量，极易引起燃烧爆炸。特别是有机过氧化物分子组成中的过氧键很不稳定，易分解放出原子氧，而且有机过氧化物本身就是可燃物，易着火燃烧，受热分解的生成物均为气体，更易引起爆炸。有机过氧化物比无机过氧化物更容易形成火灾和爆炸事故。

(3) 敏感性

许多氧化剂如氯酸盐类、硝酸盐类、有机过氧化物等对摩擦、撞击、振动极为敏感。储运中要轻装轻卸，以免增加其储运过程中的危险性。

(4) 与酸作用分解

大多数氧化剂，特别是碱性氧化剂，遇酸反应剧烈，甚至发生爆炸，如过氧化钠（钾）、氯酸钾、高锰酸钾、过氧化二苯甲酰等遇硫酸立即发生爆炸。

(5) 与水作用分解

活泼金属的过氧化物，如过氧化钠等，遇水分解放出氧气和热量，有助燃性，能使可燃物燃烧。

(6) 毒性和腐蚀性

比如铬酸酐、重铬酸盐等既有毒，又会烧伤皮肤。此外，活泼金属的过氧化物有较强的腐蚀性。有机过氧化物容易对眼睛造成伤害，如过氧化环己酮、叔丁基过氧化氢等化合物即使和眼睛只有短暂接触，也会对角膜造成严重损伤。

(7) 强弱氧化剂反应

接触后会发生复分解反应，放出大量的热而引起燃烧，爆炸。如亚硝酸盐、次氯酸盐和亚氯酸盐等遇到比它强的氧化剂时显示还原性，发生剧烈反应而导致危险。

3.6.3 氧化性物质和有机过氧化物的储存

(1) 氧化性液体、氧化性固体和有机过氧化物都属易制爆危险化学品，其领用、储存应符合相关法律法规，做到严格管控，令行禁止。宜专柜储存，不得混储，特别是不能与有机物、可燃物、酸同柜储存；碱金属过氧化物易与水起反应，应注意防潮。

（2）储存时应配置 GHS 规范的相应警示标签，如图 3.5 和表 3.13、表 3.14 所示。

编　码
产品名称

危　险
放在儿童无法触及之处
使用前请读标签

运输象形图

5.2

联合国编号
正式运输名称

公司名称

街名及号码
国家、省、城市、邮编
电话号码
紧急呼叫电话

使用说明：

装载质量：　　批号：
毛　重：　　装载日期：
有效期：

加热可能燃烧或爆炸。

远离热源/火花/明火/热表面。禁止吸烟。
生产商/供应商或主管部门规定适用的点火源。
避开/贮存处远离服装/……/可燃材料。
……生产商/供应商或主管部门列明其他不相容材料。
只能在原容器中存放。
戴防护手套/穿防护服/戴防护眼罩/戴防护面具。
生产商/供应商或主管部门列明设备类型。

贮存温度不超过……℃/……°F。 保持低温。
……生产商/供应商或主管部门列明温度。

防日晒。
处置内装物/容器……
……按照地方/区域/国家/国际规章(待规定)。

图 3.5　有机过氧化物标签示例

表 3.13　氧化性物质标签的配置

氧化性物质			
类别	类别 1	类别 2	类别 3
危险物象形图			
信号词	危险	危险	警告
危险说明	可引起燃烧或爆炸；强氧化剂	可加剧燃烧；氧化剂	可加剧燃烧；氧化剂
运输象形图	5.1	5.1	5.1

表 3.14　有机过氧化物标签的配置

有机过氧化物					
类别	A 型	B 型	C 型/D 型	E 型/F 型	G 型
危险物象形图					本危险类别没有分配标签要素
信号词	危险	危险	危险	警告	
危险说明	加热可引起爆炸	加热可引起燃烧或爆炸	加热可引起燃烧	加热可引起燃烧	
运输象形图	与爆炸物（采用相同的图形符号选择过程）				在《规章范本》中不使用

3.6.4　高校常见氧化性物质和有机过氧化物举例

(1) 高锰酸钾（$KMnO_4$）

高锰酸钾是有金属光泽的深紫色细长斜方柱状结晶，强氧化剂。本身不燃，遇硫酸、铵盐或过氧化氢能发生爆炸。遇甘油、乙醇自燃，燃烧分解产物有锰酸钾、二氧化锰、氧气。与有机物、还原剂、易燃物如硫、磷等接触或混合时有引起燃烧爆炸的危险。

储存于阴凉、通风仓间内。远离火种、热源，防止阳光直射。注意防潮和雨淋。保持容器密封。应与易燃或可燃物、还原剂、过氧化物、醇类、硫、磷、铵化合物、金属粉末等分开存放，切忌混储混运，搬运时要轻装轻卸，防止包装及容器损坏。

(2) 硝酸（HNO_3）

硝酸为无色透明发烟液体，有酸味。有毒，蒸气可刺激黏膜和呼吸道，引发流泪、呛咳、胸闷头晕等；皮肤接触引起灼伤；口服硝酸将引起消化道剧痛、溃疡等，严重时导致休克、窒息。具强氧化性，与易燃物、有机物如糖、纤维素等接触剧烈反应，引起燃烧爆炸。

储存于阴凉、通风的库房。远离火种、热源，库温不宜超过 30℃。保持容器密封。与还原剂、碱类、醇类等分开存放，不得混储。

3.7 健康危害物质

3.7.1 急性毒性物质

3.7.1.1 概述

急性毒性指经口或经皮肤给予物质的单次剂量或24h内给予的多次剂量，或4h吸入接触发生的急性有害影响，分为急性口服毒性、皮肤接触毒性和吸入毒性，分别用口服毒性半数致死量LD50、皮肤接触毒性半数致死量LD50、吸入毒性半数致死浓度LC50衡量。《危险货物分类和品名编号》（GB 6944—2005）规定毒性物质指经口摄取半数致死量：固体LD50≤200mg/kg体重，液体LD50≤500mg/kg体重；经皮肤接触24h，半数致死量LD50≤1000mg/kg体重；粉尘、烟雾吸入半数致死浓度LC50≤10mg/L的固体或液体。

国家标准GB 30000.18—2013《化学品分类、警示标签和警示性说明安全规范急性毒性》按毒性物质进入人体的三种途径，即呼吸道、皮肤和消化道的毒性大小将毒性物质分为五个类别（见表3.15）。

表3.15 毒性物质的分类及其依据（急性毒性估计值）

接触途径	类别1	类别2	类别3	类别4	类别5
经口/(mg/kg)	5	50	300	2000	5000
经皮肤/(mg/kg)	50	200	1000	2000	5000
气体/(mL/L)	0.1	0.5	2.5	5	5000
蒸气/(mg/L)	0.5	2.0	10	20	5000
粉尘和烟雾/(mg/L)	0.05	0.5	1.0	5	5000

《危险化学品目录2015版》（国家安全监管总局等10部门公告2015年第5号）规定剧毒化学品指具有剧烈急性毒性危害的化学品，包括人工合成的化学品及其混合物和天然毒素，还包括具有急性毒性易造成公共安全危害的化学品。其判定界限为满足下列条件之一（急性毒性类别1）：大鼠实验，经口LD50≤5mg/kg，经皮LD50≤50mg/kg，吸入（4h）LC50≤100mL/m^3（气体）或0.5mg/L（蒸气）或0.05mg/L（尘、雾）。无机剧毒化学品多为含有氰基、汞、磷、砷、铅等化合物，有机剧毒化学品除含有磷、汞、铅、氰基外，还有一些剧毒的天然产物，如萜类、聚醚、生物碱等，结构没有一定规律。

3.7.1.2 危险特性

（1）溶解性

很多毒性物质水溶性较强，易被人体吸收，危险性极大。但脂溶性强的毒性物质也可溶于脂肪中，能通过溶解于皮肤表面的脂肪层侵入毛孔或渗入皮肤而引起中毒。

（2）挥发性

大多数毒性物质沸点较低，其挥发性强，易引起蒸气吸入中毒，增加中毒概率。有些毒性物质无色无味，隐蔽性强，更易引起中毒。

(3) 分散性

固体毒物颗粒越小，分散性越好，特别是一些悬浮于空气中的毒物颗粒，更易吸入肺泡而中毒。如硅肺病就是由于吸入 0.25～0.5μm 大小的含有二氧化硅的粉尘造成的。故毒性物质的分散性越好，毒性越强。

(4) 侵入性

有毒品通过消化道侵入人体的危险性比通过皮肤更大，因此进行有毒品作业时应严禁饮食、吸烟等。有毒品经过皮肤破裂的地方侵入人体，会随血液蔓延全身，加快中毒速度。因此，在皮肤破裂时，应停止或避免对有毒品的作业。

3.7.1.3 储存

高校实验室尤其应注重剧毒化学品的管理，因其危害大，稍不注意则可引起安全事故，造成人员中毒甚至死亡。剧毒化学品的严格管理也可防止高校投毒事件的发生，避免造成社会影响极大的恶性事件，如 2013 年 4 月上海复旦大学投毒案，即为博士研究生黄某遭宿舍林某投毒剧毒化学品 *N*-二甲基亚硝胺后死亡，造成极其恶劣的社会影响。剧毒化学品储存注意事项有以下几点。

① 剧毒化学品的管理（购买、领取、使用、保管等）要根据国务院、公安部和各地方的相关法规标准严格执行，如国务院自 2011 年 2 月起施行的《危险化学品安全管理条例》。

② 高校实验室剧毒化学品要设专用库房和防盗保险柜，双人领取验收、双人使用、双人保管、双锁、双账的“五双”原则。实验管理基层单位还应根据这些要求结合本单位实际情况制定具体管理制度。

③ 急性毒性物质警示标签配置如表 3.16 所示。

表 3.16　毒性物质标签的配置

毒性物质					
类别	类别 1	类别 2	类别 3	类别 4	类别 5
危险物象形图					无象形图
信号词	危险	危险	危险	警告	警告
危险说明	吞咽致死/皮肤接触致死/吸入致死	吞咽致死/皮肤接触致死/吸入致死	吞咽中毒/皮肤接触中毒/吸入中毒	吞咽有害/皮肤接触有害/吸入有害	吞咽可能有害/皮肤接触可能有害/吸入可能有害
运输象形图	6	6	6	在《规章范本》中未作要求	

3.7.1.4 高校常见急性毒性物质举例

(1) 氰化钠（NaCN）

氰化钠为白色结晶粉末，易潮解，有微弱的苦杏仁气味。剧毒，皮肤伤口接触、吸入、吞食微量可中毒死亡，口服 50mg 即可引起猝死。遇酸会产生剧毒、易燃的氰化氢气体。在潮湿空气或 CO_2 中即缓慢发出微量氰化氢气体。与硝酸盐、亚硝酸盐、氯酸盐反应剧烈，有发生爆炸的危险。

氰化钠容器必须密封，宜专仓专储，并保持干燥。远离火种、热源，切忌与酸类混储混运。应与碱类、铵类化合物等分开存放。应严格执行剧毒物品“五双”管理制度。

(2) 三氧化二砷（砒霜）

无臭无味的白色粉末。若遇高热，升华产生剧毒的气体。口服中毒出现恶心、呕吐、腹痛、四肢痛性痉挛、少尿、无尿、昏迷、抽搐、呼吸麻痹而死亡。可在急性中毒的 1～3 周内发生周围神经病。可发生中毒性心肌炎、肝炎。

储存于阴凉、通风仓间内。远离火种、热源，防止阳光直射。包装必须密封，切勿受潮。应与食用化学品、碱类、酸类等分开存放。搬运时要轻装轻卸，防止包装及容器损坏。分装和搬运作业要注意个人防护。

3.7.2 腐蚀性物质

3.7.2.1 概述

腐蚀性化学品是指能灼伤人体组织并对金属等物品造成损坏的固体或液体，主要是一些酸类和碱类以及能够分解产生酸和碱的物质。根据腐蚀性化学品的危害对象，GHS 将腐蚀作用分类为金属腐蚀性、皮肤腐蚀/刺激性、眼睛损伤/刺激性。

金属腐蚀性物质是指通过化学作用会显著损伤或甚至毁坏金属的物质或混合物（GB 30000.17—2013）。如实验室常见的酸性腐蚀物硫酸、硝酸、氢氯酸、氢溴酸、氢碘酸、高氯酸、王水（浓盐酸和浓硝酸按体积比为 3∶1 组成的混合物）等，及苛性钠等碱性腐蚀物。金属腐蚀物判断依据为在实验温度 55℃下，钢或铝表面的腐蚀率超过 6.25mm/a（GB 30000.17—2013），该类物质只有一个类型：类别 1A。

皮肤腐蚀性指可对皮肤引起不可逆损害，即将受试物涂敷在皮肤 4h 后，能出现可见的皮肤表皮至真皮的坏死，腐蚀反应包括溃疡、出血、有血的结痂等（GB 30000.19—2013）。皮肤刺激性指将受试物涂皮 4h 后，对皮肤造成可逆性损害。皮肤腐蚀/刺激性分为三类：类别 1 腐蚀物、类别 2 刺激物和类别 3 轻度刺激物，腐蚀物又分为 1A、1B、1C 三个类别。腐蚀物 1A 包括各种强酸，以及氯化亚砜、氢氟酸、氢化铝锂等；腐蚀物 1B 包括硫酸氢钾、环氧氯丙烷、氯磺酸等；腐蚀物 1C 比如硼氢化钠、对甲苯磺酰氯等；类别 2 刺激物包括铬酸钾、环己烷、甲苯等。

眼睛损伤性指将受试物滴入眼内表面，对眼睛产生组织损害或视力下降，且在滴眼 21d 内不能完全恢复（GB 30000.20—2013）。眼睛刺激性指将受试物施用于眼睛前部表面进行暴露接触后，眼睛发生改变，且在暴露后的 21d 内出现的改变可完全消失，恢复正常。根据损伤性的大小，该类物质可分为两类：类别 1 可造成严重眼损伤，比如硫酸二甲酯、黄磷等；类别 2A 可造成严重眼刺激，比如硝酸钡，丙腈等；类别 2B 可造成眼刺激，比如 3-硝基甲苯、甲硫醚等。

3.7.2.2 腐蚀性、刺激性物质的危险特性

(1) 强烈腐蚀性

腐蚀性物质可腐蚀金属，特别是其局部腐蚀作用危害性大，可能造成突发性、灾难性的

爆炸、火灾等事故。腐蚀性物质可造成腐蚀皮肤，严重时灼伤皮肤，对人体组织可产生不可逆的永久伤害。腐蚀性物质可刺激、损伤眼睛，严重时可造成不可逆的失明、视力下降等伤害。

（2）氧化性

腐蚀性物质如浓硫酸、硝酸、氯磺酸、漂白粉等氧化性很强，与还原剂接触易发生强烈氧化还原反应，放出大量热，容易引起燃烧。

（3）毒害性

多数腐蚀品具有不同程度的毒性，如发烟氢氟酸的蒸气在空气中即使很短的时间接触也具有毒害性。

3.7.2.3 腐蚀性、刺激性物质的储存

① 腐蚀性物质购买时需确保包装完整稳妥，需隔离存放，且包装需耐腐蚀性，需由专人管理，并在仓库留有对应腐蚀性物质的安全数据表（SDS）报告。

② 储存于阴凉、通风的库房，保持容器密封。远离火种、热源，工作场所严禁吸烟。远离易燃、可燃物。避免与还原剂、碱类、碱金属接触。

③ 腐蚀物安全标签的配置如表 3.17～表 3.19 所示。

表 3.17 金属腐蚀物安全标签的配制

金属腐蚀物	
类别	类别 1A
危险物象形图	
信号词	警告
危险说明	可以腐蚀金属
运输象形图	

表 3.18 皮肤腐蚀/刺激物标签要素的配置

皮肤腐蚀/刺激物					
类别	类别 1A	类别 1B	类别 1C	类别 2	类别 3
危险物象形图					无象形图
信号词	危险	危险	危险	警告	警告
危险说明	造成严重皮肤灼伤和眼损伤	引起严重皮肤灼伤和眼损伤	引起严重皮肤灼伤和眼损伤	造成皮肤刺激	造成轻微皮肤刺激

续表

皮肤腐蚀/刺激物				
运输象形图				在《规章范本》中未作要求

表 3.19 严重眼损伤/眼刺激物标签要素的配置

严重眼损伤/眼刺激物			
类别	类别 1	类别 2A	类别 2B
危险物象形图			无象形图
信号词	危险	警告	警告
危险说明	造成严重眼损伤	造成严重眼刺激	造成眼刺激
运输象形图	严重眼损伤/眼刺激物在《规章范本》中不作要求		

3.7.2.4 高校实验室常见腐蚀性、刺激性物质举例

(1) 硫酸（H_2SO_4）

硫酸为透明、无色、无嗅的油状液体，有杂质颜色变深甚至发黑。浓硫酸有强烈的吸水性和氧化作用，与水剧烈反应放出大量热。有强腐蚀性，对皮肤、黏膜有刺激和腐蚀作用，酸雾对黏膜的刺激作用比二氧化硫强，主要使组织脱水，蛋白质凝固，可造成局部坏死。

硫酸应储存于阴凉、通风的库房。库温不超过 35℃，相对湿度不超过 85%。保持容器密封。远离火种、热源，工作场所严禁吸烟。远离易燃、可燃物。防止蒸气泄漏到工作场所空气中。避免与还原剂、碱类、碱金属接触。

(2) 盐酸（HCl）

盐酸为无色非可燃性气体，有极强刺激气味。具强腐蚀性，吸入后大部分被上呼吸道黏膜所滞留，并被中和一部分，对局部黏膜有刺激和烧灼作用，引起炎性水肿、充血和坏死。可使蛋白质凝固，造成凝固性坏死。其病理变化是局部组织充血、水肿、坏死和溃疡。严重时可引起器官穿孔及畸形。盐酸是强酸，可与许多金属发生反应，放出氢气，放出大量热。

盐酸应储存于阴凉、通风的库房。库温不超过 30℃，相对湿度不超过 85%。保持容器密封。应与碱类、胺类、碱金属、易（可）燃物分开存放，切忌混储。

3.7.3 其他健康危害物质

3.7.3.1 概述

除急性毒性物质和腐蚀性物质外，健康危害物质还包括具有致敏物、致突变物、致癌物、致畸物以及吸入危害物质、特异性靶器官毒性物质（一次接触、反复接触）。

致敏物指皮肤接触过敏或吸入会导致呼吸道过敏的物质，包括强致敏物质（类别1A）和其他过敏物（类别1B）（GB 30000.21—2013）。重铬酸钠（钾、铵）、戊二醛、乙二胺、哌嗪等同为呼吸道和皮肤强致敏物质，苯胺、松节油、甲醛、苯甲酰氯等则属皮肤强致敏物。

致突变、致癌和致畸效应称为遗传毒理的三致效应。致突变性物质指可引起人体生殖细胞突变并能遗传给后代的化学品。联合国GHS规范通过生殖细胞致突变性实验来进行物质致突变性的判断，能导致突变的毒性物质有苯、氯乙烯、氟化乙烯、氯丁二烯、甲醛、芥子气等（GB 30000.22—2013）。致癌性指能诱发癌症或增加癌症发病率的化学品（GB 30000.23—2013），如黄曲霉素B1、4-氨联苯、三氧化二砷等。致畸作用是指毒性物质对胚胎产生各种不良影响，导致畸胎、死胎、胎儿生长迟缓或某些功能不全等缺陷的作用（GB 30000.24—2013）。致畸物大致可分为化学性、物理性和生物性物质三类。常见致畸化学品有放射性物质、氨基蝶呤、麻醉剂、白消安、有机汞化合物、有机溶剂类、反应停、阿巴克丁、抗甲状腺药物、苯妥因、腐霉利、四环素等。GHS规定具有三致效应的物质根据其危害大小分别分类为类别1A、类别1B和类别2。

吸入危害物质指通过口腔或鼻腔直接进入或呕吐间接进入气管和下呼吸系统造成危害的液态或固态化学品（GB 30000.27—2013）。分为两个类别，类别1指已知引起人类吸入毒性危险的化学品，或被看作会引起人类吸入毒性危险的化学品，如正己烷、煤油等。

特异性靶器官毒性物质指一次接触或反复接触物质或混合物引起的特异性、非致死性的靶器官毒性作用，包括所有明显的健康效应，可逆的和不可逆的、即时的和迟发的功能损害。此类物质排除了上述的健康毒性物质，主要针对某一特定器官。根据对相应靶器官毒性的显著性，特异性靶器官毒性（一次接触）可分为三类：类别1指一次接触后已知确定可对器官造成损害的物质，比如二硫化碳、二氧化硒、甲醇等；类别2指一次接触后可能对器官造成损害的物质，比如呋喃、硫氢化钠等；类别3指具有呼吸道刺激或麻醉效应的物质（GB 30000.25—2013），比如发烟硫酸、1,2-二溴乙烷等。特异性靶器官毒性（多次接触）可分为两类：类别1指长时间或反复接触确定对器官造成损害的物质，比如邻苯二甲酸苯胺、硫化镉等；类别2指长时间或反复接触可能对器官造成损害的物质（GB 30000.26—2013），比如间二硝基苯、甲苯等。

3.7.3.2 危害特性

(1) 三致物质的危害

致突变物质可能引起生殖细胞发生突变，从而影响妊娠过程，导致不孕和胚胎早期死亡等；还可能引起体细胞的突变，从而导致形成癌肿。

致癌物可能导致人类患癌症。

致畸物可能导致发育生物体死亡，如受精卵未发育即死亡，或胚泡未着床即死亡，或着床后生长发育到一定阶段死亡。还可能导致生物生长改变（生长迟缓）、功能缺陷、结构异常（畸形）等。

(2) 致敏物的危害

致敏物致使皮肤过敏可出现皮肤瘙痒、疼痛等症状，以及其他变态反应，例如糜烂、皲裂、脓包，稍不注意就可能引发感染，引发各种并发症；急性过敏反应可能导致窒息死亡。

3.7.3.3 储存注意事项

① 三致物质及其他健康危害性化学品应严格管理，购买、领取、使用、保管等要根据

国务院、公安部和各地方相关法规标准严格执行。危害性大的物质应设专用库房和防盗保险柜，双人领取验收、双人使用、双人保管、双锁、双账的“五双”原则。

② 放射性物质是一类常见的致畸、致癌、致突变物质，其管理与其他健康危害物质相比更为严格。放射性物质应按国家规定设置明显的放射性标志，单独存放，不得与易燃、易爆、腐蚀性物质一起存放，设置防水、防火、防盗、防丢失、防破坏、防射线污染等安全防护措施、报警装置等并制定专人负责保管。

③ 致敏物、三致物质、吸入毒性物质等标签要素的配置如表 3.20～表 3.24 所示。

表 3.20　呼吸道致敏物和皮肤致敏物标签要素的配置

	呼吸道致敏物			皮肤致敏物		
类别	类别 1	类别 1A	类别 1B	类别 1	类别 1A	类别 1B
危险物象形图						
信号词	危险	危险	危险	警告	警告	警告
危险说明	吸入可能导致过敏或哮喘症状或呼吸困难	吸入可能导致过敏或哮喘症状或呼吸困难	吸入可能导致过敏或哮喘症状或呼吸困难	可能导致皮肤过敏反应	可能导致皮肤过敏反应	可能导致皮肤过敏反应
运输象形图	《规章范本》中未作要求					

表 3.21　致癌性、致突变性和致畸性类别和标签要素的配置

	致癌性、致突变性和致畸性		
类别	类别 1A	类别 1B	类别 2
危险物象形图			
信号词	危险	危险	警告
危险说明	可致癌/可引起遗传性突变/可能损伤生育力或胎儿	可致癌/可引起遗传性突变/可能损伤生育力或胎儿	可致癌/可引起遗传性突变/可能损伤生育力或胎儿
运输象形图	《规章范本》中未作要求		

表 3.22　吸入危害的标签要素的配置

	吸入危害化学品	
类别	类别 1	类别 2
危险物象形图		

续表

吸入危害化学品		
信号词	危险	警告
危险说明	吞咽及进入呼吸道可能致命	吞咽及进入呼吸道可能致命
运输象形图	《规章范本》中未作要求	

表 3.23　特异性靶器官毒性一次接触的标签要素的配置

特异性靶器官毒性一次接触			
类别	类别 1	类别 2	类别 3
危险物象形图			
信号词	危险	警告	警告
危险说明	对某器官造成损害	可能对某器官造成损害	可能引起呼吸道刺激或昏昏欲睡、眩晕
运输象形图	《规章范本》中未作要求		

表 3.24　特异性靶器官毒性反复接触的标签要素的配置

特异性靶器官毒性反复接触		
类别	类别 1	类别 2
危险物象形图		
信号词	危险	警告
危险说明	长时间或反复接触对某器官造成损害	长时间或反复接触可能对某器官造成损害
运输象形图	《规章范本》中不要求	

3.8　环境污染物

3.8.1　概述

环境污染物包括水生毒性物质（GB 30000.28—2013）和破坏臭氧层物质（GB 30000.29—2013）。

水生毒性物质指对水生生物造成危害的物质，分为急性水生毒性物质和慢性水生毒性物质。急性水生毒性物质指在水中短时间暴露对水生生物造成危害的物质。急性水生毒性一般使用鱼类 96h LC50（GB/T 27861—2011）、甲壳纲 48h EC50（GB/T 21830—2008）或藻类 72h 或 96h EC50（GB/T 21805—2008）确定，这些物种被认为可以代表所有水生生物。根据试验数据，急性水生毒性物质分为三个类别，类别 1 包括马钱子碱、二氧化硒、高锰酸钾等；类别 2 包括甲苯、硫酸二甲酯、氯磺酸等。

慢性水生毒性物质指在水中长时间暴露对水生生物造成危害的物质，时间的长短应根据生物体的生命周期确定；慢性水生毒性主要根据鱼类早期生活阶段毒性试验（GB/T 21854—2008）、大型溞繁殖试验（GB/T 21828—2008）和藻类生长抑制试验（GB/T 21805—2008）来确定。根据试验数据，慢性水生毒性物质分为四个类别，类别 1 包括萘、α-蒎烯、偏砷酸等，类别 2 比如三氯化锑、石油醚、正己烷等；类别 3 包括正戊酸、金属钡、苯酚溶液等。

危害臭氧层物质指《关于消耗臭氧层物质的蒙特利尔协议书》附件中列出的受管制的物质，如氟氯化碳、哈龙、全卤化氟氯化碳、四氯化碳、三氯乙烷、氟氯烃、氟溴烃、甲基溴、溴氯甲烷。危害臭氧层物质只含一个类别。

3.8.2 危害特性

① 水生环境污染会给生态系统造成直接的破坏和影响，也会给人类社会造成间接的危害，有时这种间接的环境效应的危害比当时造成的直接危害更大，也更难消除。

② 臭氧层破坏将使太阳紫外线大量渗入，杀伤人类，造成皮肤癌等各种人类疾病增多。

3.8.3 储存注意事项

① 环境污染主要来源于违规处理与排放环境污染物。高校实验室中的环境污染物应按法律法规安全进行处理，不能随意丢弃（见本书第 5 章）。

② 环境污染的安全标签要素配置如表 3.25～表 3.27 所示。

表 3.25 危害水生环境——急性毒性类别标签

危害水生环境——急性毒性			
类别	类别 1	类别 2	类别 3
危险物象形图		无象形图	无象形图
信号词	警告	无信号词	无信号词
危险说明	对水生生物毒性极大	对水生生物有毒	对水生生物有害
运输象形图		《规章范本》中未作要求	

表 3.26　危害水生环境——慢性毒性类别标签

危害水生环境——慢性毒性				
类别	类别 1	类别 2	类别 3	类别 4
危险物象形图			无象形图	无象形图
信号词	警告	无信号词	无信号词	无信号词
危险说明	对水生生物毒性极大并具有长期持续影响	对水生生物有毒并具有长期持续影响	对水生生物有毒并具有长期持续影响	可能对水生生物造成长期持续有害影响
运输象形图			《规章范本》中未作要求	

表 3.27　危害臭氧层物质安全标签

危害臭氧层物质	
类别	类别 1
危险物象形图	
信号词	警告
危险说明	破坏高层大气中的臭氧，危害公共安全健康和环境
运输象形图	《规章范本》中未作要求

3.9　易制毒化学品

3.9.1　概述

毒品是指鸦片、海洛因、冰毒（甲基苯丙胺）、吗啡、大麻、可卡因以及国家规定管制的其他能够使人形成瘾癖的麻醉药品和精神药品。为预防和惩治毒品违法犯罪行为，保护公民身心健康，维护社会秩序，国家对上述麻醉药品和精神药品实行管制，对该类药品的实验研究、生产、经营、使用、储存、运输实行许可和查验制度；对走私、贩卖、运输、制造毒品行为，依法追究刑事责任或给予治安管理处罚。

易制毒化学品，是指可以被用于非法生产、制造或合成毒品（麻醉药品和精神药品）的原料、配剂等化学物品，包括用以制造毒品的原料前体、试剂、溶剂及稀释剂、添加剂等（见表 3.28）。毒品制造是复杂的化学反应过程，常与一些化学药品、化学试剂有关。如从鸦片加工成海洛因，需要醋酸酐、乙醚、三氯甲烷等医药或化工原料。醋酸酐、乙醚、三氯甲烷等本身不是毒品，但其在毒品生产中起着不可或缺的作用，是生产合成毒品的重要辅助原料。无论是大麻、可卡因等天然植物毒品还是冰毒、摇头丸等合成化学毒品的加工都离不开易制毒化学品，从某种意义上说，没有易制毒化学品就没有毒品。所以严格控制这些物品，使其不致流入毒品犯罪分子手中，实际上也就等于控制和限制了毒品的生产。为了加强易制毒化学品管理，规范易制毒化学品的生产、经营、购买、运输和进口、出口行为，防止易制毒化学品被用于制造毒品，维护经济和社会秩序，国家制定并出台了《易制毒化学品管理条例》。根据《易制毒化学品管理条例》，目前我国列管了共三类24个品种的易制毒化学品，第一类主要是用于制造毒品的原料，第二类、第三类主要是用于制造毒品的配剂。

高校化学实验常见易制毒化学品有醋酸酐、麻黄碱、高锰酸钾、黄樟脑、丙酮、三氯甲烷等。由于易制毒化学品的双重性质，它既是工农业生产和群众生活必需的重要物质，同时也是制造毒品的原料和配剂，一旦流入非法渠道可用于制造毒品。故高校应依照有关法律法规，严格管理易制毒化学品。

表3.28 易制毒化学品的分类和品种目录

分类	易制毒化学品品种
第一类	1-苯基-2-丙酮、3,4-亚甲基二氧苯基-2-丙酮、胡椒醛、黄樟素、黄樟油、异黄樟素、*N*-乙酰邻氨基苯甲酸、邻氨基苯甲酸、麦角酸①、麦角胺①、麦角新碱①、麻黄素类①（麻黄素、伪麻黄素、消旋麻黄素、去甲麻黄素、甲基麻黄素、麻黄浸膏、麻黄浸膏粉等）、邻氯苯基环戊酮
第二类	苯乙酸、醋酸酐、三氯甲烷、乙醚、哌啶
第三类	甲苯、丙酮、甲基乙基酮、高锰酸钾、硫酸、盐酸

① 为易制毒化学品，第一类中的药品类易制毒化学品包括原料药及其单方制剂。

注：第一类、第二类所列物资可能存在盐类，也纳入管制。

3.9.2 易制毒化学品的规范购买

易制毒化学品购买，实行公安机关审批许可和备案制度。取得购买许可证或者购买备案证明后，方可购买易制毒化学品。学校应在实验室主管部门设立专人专岗负责全校易制毒化学品管理。购买前，使用院系应与实验室主管部门签订《易制毒化学品管理责任书》。申请购买第一类中的非药品类易制毒化学品的，使用院系应提交专项购买申请，说明申购品种、数量、用途、领用保管措施等，经项目主管单位进行实地核查及分管校领导审批同意后报送到实验室主管部门办理购买审批手续及备案证明；购买第二类、第三类易制毒化学品的，由学院易制毒化学品专项经办人将所需要购买的品种、数量等信息进行汇总后，填写《易制毒化学品申购汇总表》，经学院负责人审批同意后报送到实验室主管部门统一办理购买审批手续及备案证明。一般而言，禁止使用现金或者实物进行易制毒化学品交易。

3.9.3 易制毒化学品的安全存储与领用

（1）场地要求

使用单位要建立专门的符合存放条件的易制毒化学品仓库，存储仓库要有明显的标志，要安装好门窗，配备防盗报警、消防装置。根据国家标准，第一类易制毒化学品应储存于特殊药品库，第二类、第三类易制毒化学品应储存在危险品仓库内。

(2) 储存要求

① 分类存放　库房内物品应保持一定的间距，分类存放；易制毒化学物品必须根据其不同特性专库专储，尤其是第二类、第三类易制毒化学物品，应按腐蚀性、易燃性、挥发性等分类存放；凡用玻璃容器盛装的易制毒化学危险品，严防撞击、振动、摩擦、重压和倾斜。

② 通风　通风可以散热，防止热量、湿气积蓄，保证在库易制毒化学物品性质稳定，一般使用排风扇进行通风。

③ 控制温、湿度　要定期对仓库温度、湿度进行监控，及时发现安全隐患，防止发生意外事故。

(3) 出入库管理

落实专项经办人负责易制毒化学品的领用发放工作，做好详细的入库、领用、回库等台账记录。易制毒化学品到货后，必须由学院经办人在场监视卸货、入库，数量核对无误后及时卸货，轻手轻放，严禁撞击，在待卸货期间，应指定专人看管，双人验收；验收人员应校对物品名称、数量、规格、标志、生产厂家等资料，检查包装是否残破、泄漏、封闭不严、包装不牢等。

易制毒化学品领用要按双人发放原则；未经批准的人员不得随意进入特殊药品库与危险品仓库。领用易制毒化学品要采取少量多次的原则，尽量避免一次性大量领用，使用不完造成积存及存在安全隐患。

易制毒化学品丢失、被盗、被抢的，发案单位应当立即向学校保卫部门和实验室管理部门报告。

3.10 练　习

3.10.1 判断题

(1) 凡具有毒害、腐蚀、爆炸、燃烧、助燃等性质，对人体、设施与环境有危害的剧毒化学品和其他化学品称为危险化学品。(　　)

(2) 危险化学品在生产、贮存、运输、销售和使用过程中，为防止发生环境污染及安全事故和经济损失，必须了解常见危险化学品的危险特性和储存等相关知识，并在相应的设施和场所，必须设置危险废物识别标志。(　　)

(3) 常见危险化学品数量繁多，性质各异，每一种往往具有多种危险属性，化学品通常是根据其所有危险性进行统筹分类。(　　)

(4) 国标《化学品分类和危险性公示通则》将危险化学品分为三类：理化危险、健康危险和环境危险，每类又分别细分为数种至数十种小类。(　　)

(5) 警示词是用于表示危险有害严重性的相对程度、向使用者警告潜在危害性的语句，有“警告(Warning)”和“危险(Danger)”，其中“警告”，“危险”用于危害性较低等级。(　　)

(6) 一般爆炸物起爆能越大，则敏感度越高，其危险性也就越大。(　　)

(7) 很多爆炸品本身具有一定毒性，且绝大多数爆炸品爆炸时产生多种有毒或者窒息性气体，包括 CO、CO_2、NO、N_2O_2、SO_2 等，可从呼吸道、食道、皮肤进入人体，引起中毒，严重时危及生命。(　　)

(8) 所有爆炸物激发均需外界供氧，隔绝氧气可以防止爆炸物发生爆炸。(　　)

(9) 纯过氧化氢不会发生爆炸，一般要与糖等有机物或许多无机物混合时形成爆炸性混合物，引起爆炸。(　　)

(10) 氨、二氧化硫属于非易燃无毒刺激性气体。(　　)

(11) 比空气轻的易燃气体逸散易扩散，一旦发生火灾会造成火焰迅速蔓延；比空气重的易燃气体常漂浮于地面或房间死角，遇明火易燃烧爆炸。(　　)

(12) 含硫、氮、氟元素的气体多数有毒，如硫化氢 (H_2S)、氯乙烯、液化石油气等。(　　)

(13) 搬动气体钢瓶时需横卧搬动，不得撞击。(　　)

(14) 易燃液体一般含有碳、氢元素，易被强氧化剂或强酸氧化，放出大量的热而引起燃烧或爆炸，如乙醇遇高锰酸钾放热并发生燃烧。(　　)

(15) 乙醚是易燃易爆气体，遇明火、高热极易燃烧爆炸，而且有毒，其蒸气对眼有刺激性，大量接触易导致嗜睡、呕吐、体温下降和呼吸不规则而有生命危险。(　　)

(16) 闪点可衡量易燃液体火灾危险性大小，闪点越低，火灾危险性越小。(　　)

(17) 毒性易燃固体燃烧后就无毒性了。(　　)

(18) 易燃固体具有可分散性，其固体粒度小于 0.01mm 时可悬浮于空气中，有粉尘爆炸的危险。(　　)

(19) 易燃固体在常温下或受摩擦、撞击等外力也能引起燃烧，与空气接触面积越大，越容易燃烧，速率越快，发生火灾的危险性也就越大。(　　)

(20) 红磷本身无毒，但遇明火、高热、摩擦、撞击会引起燃烧，产生有毒白烟 P_2O_5。(　　)

(21) 自热物质与自燃物质不同，自热物质不会发生自燃。(　　)

(22) 镁粉属于自燃物质。(　　)

(23) 过氧化物、高氯酸盐、三硝基甲苯等属于易爆物质，受震或受热可发生热爆炸。(　　)

(24) 无机过氧化物分子组成中的过氧键比有机过氧化物更不稳定，因此无机过氧化物比有机过氧化物更容易发生火灾和爆炸事故。(　　)

(25) 固体毒物颗粒越小，分散性越好，更易悬浮于空气中，更易吸入肺泡而中毒，因此毒性物质的分散性越好，毒性越强。(　　)

(26) 高校实验室剧毒化学品要设专用库房和防盗保险柜，遵守双人领取验收、双人使用、双人保管、双锁、双账的“五双”原则。(　　)

(27) 久藏的乙醚在蒸发时必须有人值守，要完全蒸干。(　　)

(28) 有毒化学品可以通过皮肤吸收、消化道吸收及呼吸道吸收等三种方式对人体健康产生危害。(　　)

(29) 氰化钠剧毒，皮肤伤口接触、吸入、吞食微量可中毒死亡，口服 50mg 即可引起猝死。(　　)

(30) 易制毒化学品交易必须使用现金。(　　)

(31) 特异性靶器官毒性物质指一次接触或反复接触物质或混合物引起的特异性、非致

死性的靶器官毒性作用，包括所有明显的健康效应，可逆的和不可逆的、即时的和迟发的功能损害。(　　)

(32) 毒品是指鸦片、海洛因、冰毒（甲基苯丙胺）、吗啡、大麻、可卡因、以及国家规定管制的其他能够使人形成瘾癖的麻醉药品和精神药品。(　　)

(33) 二氯甲烷、吡啶、苯等医药或化工原料的购买，实行公安机关审批许可和备案制度。(　　)

(34) 氯仿和哌啶等溶剂可以自己购买，无需申报。(　　)

(35) 盐酸不属于易制毒化学品。(　　)

3.10.2 单选题

(1) 联合国 GHS 提供了危险品的象形图标准图案，都是菱形的白底上用黑色图形，并用较粗的______线做边框。

A. 红　　B. 黄　　C. 蓝　　D. 黑

(2) 下列哪种属于有整体爆炸危险的物质的是______。

A. 火箭弹头　　B. TNT　　C. 苦氨酸　　D. 二亚硝基苯

(3) 下列哪些外界作用______会使爆炸物发生爆炸。

①热；②火花；③撞击；④摩擦；⑤冲击波；⑥爆轰波；⑦光；⑧电

A. ①②　　B. ①②③④　　C. ①②③④⑦⑧　　D. 全部

(4) 因相互作用而可能爆炸的物质必须分类存放，下列哪些化学试剂须分类存放______。

A. 过氧化物和胺类　　B. 高锰酸钾和浓硫酸

C. 四氯化碳和碱金属　　D. 以上都是

(5) 下列关于爆炸品储存的注意事项叙述错误的是______。

A. 应有专门的库房分类存放，最好采用防爆柜存放，由专人负责保管，且库房应保持通风阴凉，远离火源、热源、避免阳光直射

B. 应该提前大量购买并储存，减少运输途中的麻烦

C. 轻拿轻放，避免摩擦、撞击和震动

D. 爆炸品要求配置安全警示标签

(6) 苦味酸和苦味酸盐属于______。

A. 爆炸品　　B. 有毒化学品　　C. 放射性物质　　D. 易制毒化学品

(7) 下列气体中______属于窒息性非易燃无毒气体。

A. CO　　B. N_2　　C. CH_4　　D. HCl

(8) 毒性气体是指已知对人类具有毒性或腐蚀性强到对健康造成危害的气体；或半数致死浓度（LC50）______ L/m^3 的气体。

A. ⩾3　　B. ⩽3　　C. ⩽5　　D. ⩾5

(9) 储存于钢瓶内压缩或液化气体受热易膨胀，导致压力升高，当超过钢瓶耐压强度时可发生钢瓶爆炸，属于气体下述危险特性中的______。

A. 物理性爆炸　　B. 易燃性　　C. 扩散性　　D. 化学性爆炸

(10) 高压气瓶应定时检验，中国的一氧化碳钢瓶检验日期是______年。

A. 1　　B. 2　　C. 5　　D. 10

(11) 下列不属于易燃液体特点的是______。

A. 沸点燃点低　B. 黏度较小　C. 膨胀系数较大　D. 电阻率小

(12) 以下溶剂沸点最低的是______。

A. 苯　B. 甲醇　C. 乙醚　D. 乙酸乙酯

(13) 一氧化碳的危险特性正确的是______。

A. 可引起皮肤黏膜的刺激或灼伤

B. 能与一些活性金属粉末发生反应

C. 使血红蛋白丧失携氧的能力和作用，造成组织窒息

D. 使视网膜坏死而导致失明

(14) 易燃固体指容易燃烧，可通过摩擦引燃或助燃的固体，其燃烧速率大于______。

A. 2.2mm/s　B. 4.4mm/s　C. 8mm/s　D. 10mm/s

(15) 以下关于自热物质叙述正确的是______。

A. 不与空气或氧气接触也会自燃　B. 与空气接触不需要能量供应就能够自热

C. 小量短时间就可自燃　D. 硫酸钠属于自热物质

(16) 砒霜是指下列化合物中的______。

A. 三氧化二砷　B. 亚硝酸钠　C. 醋酸铅　D. 氰化钠

(17) 在体内经氧化最终生成甲醛和氰化氢，大剂量或高浓度可致死的试剂是______。

A. 硝酸　B. 亚硝酸盐　C. 吡啶　D. 乙腈

(18) ______毒性极强，中毒发作极快，中毒后数分钟到十几分钟内是最佳抢救时间，错过了之后死亡率非常高。

A. 乙醚　B. 亚硝酸钠　C. 氰化钠　D. 丙酮

(19) 以下不属于易制毒化学品的有机溶剂是______。

A. 石油醚　B. 醋酸酐　C. 丙酮　D. 氯仿

(20) 以下属于易制毒化学品的是______。

A. 甲醇　B. 醋酸　C. 苯　D. 盐酸

(21) 以下物质不属于易燃液体的是______。

A. 甲醇　B. 苯　C. 甘油　D. 汽油

(22) 以下药品受震或受热可能发生爆炸的是______。

A. 金属钠　B. 苯　C. 氰化钠　D. 苦味酸和苦味酸盐

(23) 下列不属于危险化学品的是______。

A. 氯化钾　B. 腐蚀性物品　C. 有机过氧化物　D. 易燃液体

(24) 下列物质毒性最小的是______。

A. 甲醇　B. 石油醚　C. 苯　D. 甲醛

(25) 以下哪一个试剂吸入后可引起急性氮氧化物中毒______。

A. 硫酸　B. 盐酸　C. 硝酸　D. 乙腈

(26) 粉体与空气可形成爆炸性混合物，当达到一定浓度时，遇火星会发生爆炸的是______。

A. 镁　B. 钠　C. 甲醇钠　D. 烷基锂

(27) ______暴露在潮湿空气中不会发生自燃。

A. 氢化钠　B. 氰化钠　C. 硼氢化铝　D. 烷基锂

(28) ______为透明、无色或带黄色，有独特的窒息性气味的腐蚀性液体，遇潮气或受

热分解会产生有刺鼻臭味的二氧化氮。

A. 硫酸　　B. 盐酸　　C. 硝酸　　D. 二氯亚砜

(29) 以下不属于腐蚀性化学品的是______。

A. 乙腈　　B. 二氯亚砜　　C. 盐酸　　D. 硫酸

(30) 遇湿易燃物质的危险物象形图是______。

A. 　　B. 　　C. 　　D.

(31) 致癌性、致突变性和致畸性化学品的危险物象形图是______。

A. 　　B. 　　C. 　　D.

(32) 危害水生环境——急性毒性化学品中类别 1 的危险物象形图是______。

A. 　　B. 　　C. 　　D. 无象形图

(33) 爆炸品的危险物象形图是______。

A. 　　B. 　　C. 　　D.

(34) 联合国《关于危险货物运输的建议书 规章范本》中爆炸品 1.1 项的危险货物运输象形图是______。

A. 　　B. 　　C. 　　D.

(35) 联合国《关于危险货物运输的建议书规章范本》中皮肤腐蚀/刺激化学品类别 1A 的危险货物运输象形图是______。

A. 　　B. 　　C. 　　D.

3.10.3 多选题

(1) 危险化学品在储存、运输、使用等过程中，必须根据其危害性类别和等级，使用对应的象形图、警示语、危害性说明做成安全标签，标签必要信息应有：______。

A. 表示危害性的象形图　　B. 产品名称警示词

C. 危害性说明及注意事项　　D. 生产商/供应商

(2) 爆炸物的危险特性包括______。

A. 强爆炸性和强危害性　　B. 高敏感度

C. 火灾危险性　　D. 毒害性

(3) 气体的危险特性包括______。

A. 物理性爆炸和化学性爆炸　　B. 易燃性

C. 扩散性　　D. 腐蚀性、毒害性及窒息性

(4) 大量二氯甲烷泄露时应当______。

A. 泄漏时切断火源

B. 应急处理人员戴自给正压式呼吸器，穿消防防护服，尽可能切断泄漏源

C. 可用沙土或其他不燃材料吸收

D. 立即离开，使其在空气中自然挥干

(5) 进行危险物质、挥发性有机溶剂、特定化学物质或毒性化学物质等操作实验或研究，正确的是______。

A. 必须戴防护口罩　　B. 必须戴防护手套

C. 必须戴防护眼镜　　D. 只要操作仔细可不带防护设备

(6) 易燃化学试剂存放和使用的注意事项正确是______。

A. 要求单独存放于阴凉通风处　　B. 放在冰箱中时，要使用防爆冰箱

C. 远离火源，绝对不能使用明火加热　　D. 使用时轻拿轻放

(7) 氢化钙应与______等分开存放，切忌混储。

A. 氧化剂　　B. 醇类　　C. 酸类　　D. 卤素

(8) 自热物质和自反应物质的储存要求是______。

A. 通风、干燥、阴凉　　B. 远离火种和热源

C. 库温不超过 25℃　　D. 专柜存放，不得混储

(9) 高锰酸钾应与______分开存放。

A. 还原剂　　B. 过氧化物

C. 醇类　　D. 金属粉末和硫、磷、铵等

(10) 放射性物质是一类常见的致畸、致癌、致突变物质，它的危害包括______。

A. 影响妊娠致不孕和胚胎早期死亡

B. 引起体细胞突变，致形成癌症

C. 致吸入危害物质

D. 生物生长改变或生长迟缓、功能缺陷、结构异常或畸形

(11) 环境污染物带来的危害包括______。

A. 水生环境污染严重　　B. 人类社会造成恐慌

C. 臭氧层被破坏　　D. 伤害人体健康

(12) 高校化学实验中用到的易制毒化学品包括______。

A. 醋酸　　B. 麻黄碱　　C. 黄樟脑　　D. 环己烷

(13) 以下混合后能发生爆炸的是______。

A. CO 与氯气　　B. 液态氧与有机物　　C. 压缩氧与油脂　　D. 乙烯与氯

(14) 苯属于高毒类化学品，关于苯叙述正确的是______。

A. 短期接触，苯对中枢神经系统产生麻痹作用，引起急性中毒

B. 长期接触，苯可导致造血系统改变，白细胞、血小板减少

C. 在实验室中适于用作柱色谱溶剂

D. 皮肤损害有脱脂、干燥、皲裂、皮炎

（15）危险化学品包括______。

A. 爆炸品　　B. 易燃气体　　C. 易燃液体　　D. 氧化性和腐蚀性物质

4 化学实验室安全操作

安全是化学实验室的头等大事，化学实验室因为经常使用各种易燃易爆、有毒或者有腐蚀性的药品，使用不当或者违章操作极易发生安全事故，加之化学实验室大量使用玻璃仪器，存在发生事故的隐患。实验人员需要加强预防措施，掌握化学实验的基本知识，严格规范地操作，才能避免很多安全事故的发生。本章主要介绍实验室的基本安全操作，包括化学实验室基本操作要求、常见的化学实验操作和常见化学实验设备的安全操作要点等三个方面。通过本章的学习，实验人员可以掌握基本的化学实验室安全操作方法，减少或者避免因为实验操作引发的实验室安全事故。

4.1 化学实验室基本操作要求

4.1.1 一般要求

（1）实验人员不得将与实验无关的物品带入实验室（有特殊要求的除外）。

（2）进入化学实验室前，应熟悉所使用的药品的性能，仪器、设备的性能及操作方法和安全事项。

（3）进行化学实验时，应严格按照操作规程进行，掌握对各类安全事故的处理方法。

（4）化学实验室内要有充足的通风和照明设施，以防止中毒和误操作。

（5）进行化学实验时，要身着实验服（白大褂），不得穿短裤、高跟鞋等，长发不得披肩。

（6）实验室内所有药品、样品必须贴有醒目明确的标签，注明名称、浓度、配制时间以及有效日期等，标签字迹要清楚。

（7）实验过程中，手和身体其他部位不得直接接触化学药品，特别是危险化学品（硫酸、盐酸、氰化物等）。

（8）嗅闻气味时，用右手微微扇风，头部应在侧面，并保持一定距离，禁止直接凑近嗅闻气味。

(9) 严禁在实验室内饮食，更不可用烧杯等器具作餐具或饮水。

(10) 用移液管吸取液体试剂时，必须用橡皮吸耳球吸取，禁止用嘴代替吸耳球。

(11) 易燃易爆、易挥发的液体禁止储存在温度较高的场所。取用温度较高的药品时，需待冷却后开启、取用。

(12) 在进行有危险性的化学实验时，应在通风柜中操作并采取恰当安全措施，参加实验人员不得少于二人，不可单独实验。

(13) 若工作服被酸、碱、有毒物质及致病菌等沾污时，必须及时处理。

(14) 停水停电时，要及时关闭水阀、切断电源。

(15) 废酸废碱必须经过中和处理；有机溶剂以及易燃物质必须分类导入废液桶，等待集中处理，禁止直接倾入下水道。

(16) 实验结束、离开实验室前，应切断电源，关闭水、气阀门。

(17) 实验室内严禁吸烟，禁止乱扔火柴、打火机等火种。

(18) 易燃易挥发试剂必须远离火源和火种。

4.1.2 电器使用安全要求

(1) 实验电器设备必须有可靠的接地线。

(2) 在同一电源上，不能同时使用过多仪器设备，特别是大功率设备，以免造成负荷过大，烧毁线路，发生危险。

(3) 使用电器设备时，必须检查设备是否与电源电压相符，特别是进口设备。

(4) 禁止使用绝缘不合格，导线裸露或破裂，发现漏电的电器设备仪器。

(5) 禁止用湿布或纸巾擦拭电源开关和导线。

(6) 加热设备必须放置于通风处，周围不得放置易燃易爆物品。

(7) 加热设备必须配备石棉网；大量发热的设备必须架空或采取其他隔热措施。

(8) 如有人触电时，应立即切断电源，并立即进行抢救，情节严重的立即就医。

4.1.3 玻璃仪器使用要求

(1) 搬取有液体的大容量瓶子（1升以上的容量瓶、三角瓶等）时，必须一手握住瓶子颈部，一手托瓶底，不得单独握住颈部，以防止脱落摔碎。

(2) 装碱性溶液的瓶子，应使用橡胶塞，不得使用玻璃塞，以免腐蚀粘住。

(3) 加热广口瓶、表面皿、称量瓶等，禁止用明火直接加热。

(4) 禁止在容量瓶和量筒中直接进行溶液配制。

(5) 加热或冷却玻璃器皿时，要避免局部受热或受冷。

(6) 玻璃器具在使用前要仔细检查，避免使用有裂痕的仪器。尤其当玻璃器具用于减压、加压或加热操作的场合时，更要认真进行检查。

(7) 把玻璃管或温度计插入橡皮塞或软木塞时，常常会折断而使人受伤。为此，操作时可在玻璃管上蘸些水或涂上碱液、甘油等作润滑剂。然后，左手拿着塞子，右手拿着玻璃管，边旋转边慢慢地把玻璃管插入塞子中。此时，右手拇指与左手拇指之间的距离不要超过5厘米。并且，最好用毛巾保护着手较为安全。给橡皮塞等钻孔时，打出的孔要比管径略小，然后用圆锉把孔锉一下，适当扩大孔径即行。

（8）厚玻璃器皿不耐热（比如抽滤瓶），不能加热；锥形瓶或者平底烧瓶不能减压操作；广口容器（如烧杯）不宜贮存有机溶剂；计量容器（如移液管和容量瓶）不能高温烘烤。

（9）磨口仪器要注意磨口处清洁，不得沾有固体物质，否则导致结合不密，漏气漏液带来隐患；磨口尽量避免与强碱接触，若有接触，用后要洗净，否则磨口会因碱腐蚀而粘牢接口或者瓶塞，导致仪器破损。

4.1.4 特殊化学品操作要求

4.1.4.1 易燃易爆化学品

（1）凡使用甲烷、氢气等与空气混合后能形成爆炸的混合气体时，必须在通风橱内或者室外空旷处进行操作。

（2）禁止在明火周边使用易燃易爆物质，如：有机酸、苯、甲苯、石油醚、汽油、丙酮、甲醇、乙醇等。

（3）进行有爆炸危险的操作，所用到的玻璃容器必须使用软木或胶皮塞，不得使用磨口瓶塞。

（4）禁止采用明火对易燃物质进行蒸馏或加热操作。

（5）对易燃物质蒸馏或加热时，应使用水浴进行加热；沸点高于100℃者，应使用油浴进行加热。

（6）加热液体时，必须接冷凝回流装置。

（7）蒸发易燃液体或有毒液体时，必须于通风柜中操作，禁止将蒸汽直接排在室内空间。

（8）使用易爆化学品（如：高氯酸、过氧化氢等）时禁止振动、摩擦和碰撞。

（9）进行加热操作过程中，如发生着火爆炸，应立即切断电源、热源和气源，并进行灭火。

（10）取用钾、钠、钙、黄磷等易燃物质时，必须使用专用镊子，不得用手接触。钾、钠、钙存放在煤油中储存，不得与水或水蒸气接触；黄磷应放在水中储存，保持与空气隔离。

4.1.4.2 有毒、有害化学品

（1）装有毒物质的容器，应具有醒目的标签，并在标签注明“有毒”或“剧毒”字样。

（2）凡有毒化学品应分类贮存，禁止与易燃易爆物品和腐蚀性化学品贮存同一库房。

（3）化学实验室有毒药品的储存、发放和领取应严格登记，并指定专人负责。

（4）使用过有毒化学品的工具必须及时清洗干净，废水应进行分类处理。

（5）在使用具有腐蚀性、刺激性的有毒（剧毒）物品时，如：强酸、强碱、浓氨水、三氧化二砷、氢化物、碘等，必须戴橡胶手套和防护眼镜。

（6）禁止将有毒物质擅自挪用或带出实验室。

4.1.4.3 腐蚀性化学品

（1）稀释浓酸时，必须将酸缓慢加入水中，并用玻璃棒缓慢不停地搅拌；不得将水直接

注入酸中。

(2) 在处理发烟酸（发烟硝酸等）和强腐蚀性物品时，应防止中毒或灼伤。

(3) 当酸、碱溶液及其他腐蚀性化学试剂灼伤皮肤或溅入眼睛时，应立即用清水冲洗、就医。

(4) 开启盛有过氧化氢、氢氟酸、溴、盐酸、发烟酸等腐蚀性物质的瓶塞时，瓶口不得对着自己和他人。

(5) 浓酸和浓碱不得直接中和，如确需将浓酸或浓碱中和，应先进行稀释。

4.2 常见的化学实验操作

4.2.1 试剂的取用

4.2.1.1 常规固体药品

粉末状药品应用药匙或纸槽送入横放的试管中，然后将试管直立，使药品全部落到底部。块状药品应用镊子夹取放入横放的试管中，然后将试管慢慢直立，使固体沿管壁缓慢滑下。

4.2.1.2 常规液体药品

取用少量液体时，可用胶头滴管吸取。取一定体积的液体可用滴定管、移液管或移液器。取液体量较多时可直接倾倒，采用量筒量取所需体积。

4.2.1.3 特殊危险药品取用

(1) 金属钠

金属钠保存于煤油中，用镊子从煤油里将金属钠取出，在滤纸上吸净表面上的煤油，在玻璃片上或者培养皿中，用小刀切割下表面的氧化层，然后切一小块钠，剩余的金属钠再放回原试剂瓶即可（如图 4.1 所示）。

(2) 丁基锂

丁基锂（正丁基锂，尤其是叔丁基锂）碱性极强，化学性质非常活泼，与底物反应会相当剧烈，因此反应全程必须在低温、惰性气体保护的条件（高纯氮气或高纯氩气保护）下进行。过量和未反应完的丁基锂必须在低温下用合适的试剂（四氢呋喃等）淬灭。

由于其非常活泼的化学性质，丁基锂试剂的取用应严格按如下步骤进行：①把丁基锂试剂瓶固定在铁架台上，用与鼓泡器并联的惰性气体（高纯氮气或氩气）流速适中地连接的干燥洁净的针头小心插到丁基锂瓶的橡皮密封盖以内，不要接触液面、不要伸入液面；②将待取丁基锂试剂的注射器排净空气后插入一个惰性气体瓶里，吸取惰性气体，取出排空，反复操作至少三次；③将排空的注射器插入丁基锂的液面以下，缓慢吸取一定量的丁基锂试剂（抽出量不得超过注射器总容积的 60%），然后将针头从液面下缓慢移上来，缓慢排除气体；④吸取好需要的量后，一手握紧注射器、另一只手牢固地抓紧针头前端从丁基锂瓶子中缓慢地安全地抽出来；⑤此时迅速转移，将注射器准确地插入反应瓶中；⑥滴加完以后，反复推

图 4.1　金属钠的取用

注射器活塞几次，以避免注射器和针头中滞留少量的丁基锂；⑦将用完排空丁基锂试剂的注射器插入水中快速抽水淬灭极微量残留在针头和注射器筒体中的丁基锂试剂。

在取用过程中应注意以下事项：①严禁人少时操作丁基锂试剂，特别是取用叔丁基锂时，以免发生意外时无法处理，必须有另一人时刻准备着发生危险的应急处理；②使用丁基锂的反应体系必须严格的低温、无水、无氧；③丁基锂严禁沾到或滴落到可燃物质上（有机溶剂等，如杜瓦瓶中的丙酮冷浴）；④取丁基锂的过程中若出现针头堵死的情况，必须及时告诉一同操作的人员进行妥善处理；⑤一旦有丁基锂试剂滴落到台面或地上，应立即用石棉布或沙子覆盖；⑥使用完丁基锂的试剂瓶必须密封好，放于冰箱中指定位置。

案例：2009 年，美国洛杉矶某大学一研究人员在实验室抽取叔丁基锂时，针头和注射器不慎脱离，叔丁基锂喷洒在该研究人员身上，随后起火，导致其全身大面积烧伤，经抢救后不幸身亡。本次事故存在多个连环错误，导致悲剧发生，首先，抽取叔丁基锂只有一人操作，且实验室没有其他人，只有同事在隔壁实验室；其次，操作失误，用注射器取丁基锂时没有一手握紧注射器，另一只手牢固地抓紧针头前端，或者使用针头用螺口旋紧的注射器，导致针头和注射器脱离，叔丁基锂喷溅出；最后是没有穿防护服，导致叔丁基锂溅在其穿戴的化纤类针织套衫上将衣服引燃。

4.2.2　常见简单仪器操作

4.2.2.1　漏斗

(1) 漏斗（如图 4.2 所示）

漏斗用作过滤，或者向小口容器中注入液体；过滤操作过程应遵循“一贴二低三靠”的原则。

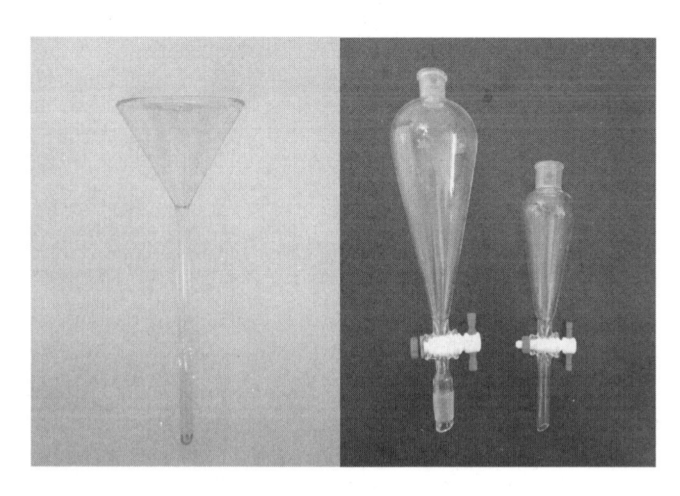

图 4.2　漏斗和分液漏斗

(2) 长颈漏斗

主要用于装配反应器，便于注入反应液；操作过程应注意将长管末端插入液面下，防止气体逸出。

(3) 分液漏斗

主要用于分离密度不同且互不相溶的液体，也可作反应器的加液装置。使用过程应注意分液时，下层液体从下口放出，上层液体从上口倒出；分液漏斗不宜用于盛碱性液体。

> **案例：** 某同学在分液漏斗中用二甲苯萃取加热过的溶液，当打开分液漏斗的旋塞时，喷出二甲苯而引起着火。本次事故中学生违规使用有机溶剂进行热萃取，溶液温度较高使二甲苯气化，在密闭空间中产生大量蒸气，从而喷出产生危险。

4.2.2.2　温度计

温度计（如图 4.3 所示）是化学实验室测量温度的必要工具。常用的温度计主要有酒精和水银温度计两种（电子温度计除外）。使用温度计时应注意：①加热时温度不可超过温度计的最大量程，实验过程中应根据需要选择适当量程的温度计；②不可将温度计当玻璃棒进行搅拌；③水银温度计一旦打碎，必须马上用硫黄处理。

4.2.2.3　加热用仪器

(1) 酒精灯

酒精灯（如图 4.4 所示）是广泛应用于实验室以酒精为燃料的加热工具，酒精易挥发，易燃，因此实验室使用酒精灯时必须注意安全。①酒精灯的灯芯要平整，如已烧焦或不平整，需用剪刀修正后再使用；②添加酒精时，禁止超过酒精灯容积的三分之二，也不可少于其四分之一；③绝对禁止向燃着的酒精灯里添加酒精，以免失火；④绝对禁止用酒精灯引燃另一只酒精灯，可用其他火源点燃；⑤使用完毕的酒精灯必须用灯帽盖灭，不可尝试用嘴吹灭；⑥不要碰倒酒精灯，万一洒出的酒精在桌上燃烧起来，应立即用湿布或沙子扑盖灭火；⑦请勿使酒精灯的火焰受到侧风影响，一旦火焰进入灯内，将会引发爆炸；⑧加热时应该使用外焰加热。

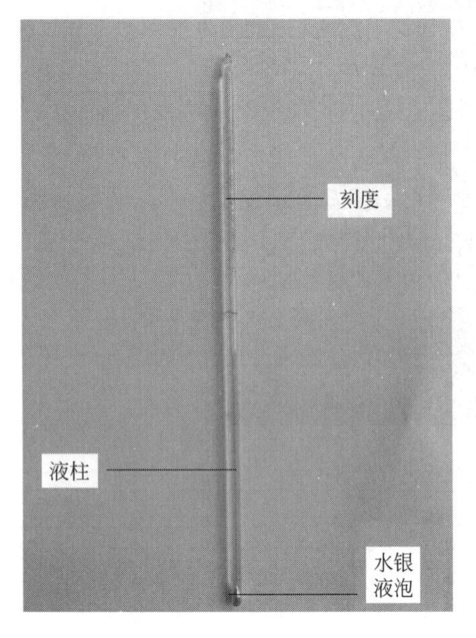

图 4.3 温度计

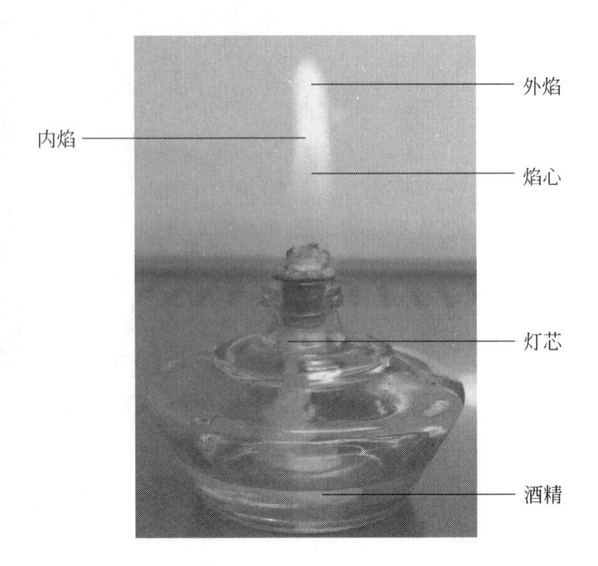

图 4.4 酒精灯

(2) 电炉/电热套

电炉和电热套（如图 4.5 所示）是化学实验室两种重要的加热设备。使用电炉时应注意以下事项：①电炉的功率一般都较大，不宜与其他电器共用同一插线板，以免功率过大影响线路；②供给电炉用电的导线必须有足够的截面，以免烧坏导线，引发事故；③电炉周围不得摆放易燃、易爆物品，例如汽油、酒精、甲醇、纸、柴油、石油醚、煤油等物品；④电炉必须平稳地放在耐热平台上使用，不得直接放在地板或桌面上使用；⑤移动电炉时，必须先断开电源，待电炉冷却后进行；⑥使用电炉时，操作人员不得离开，必须有人看管；⑦电炉的电热丝不许凸出盘槽隔脊，以免电炉金属触及电热丝使整个电炉带电，引发触电事故。

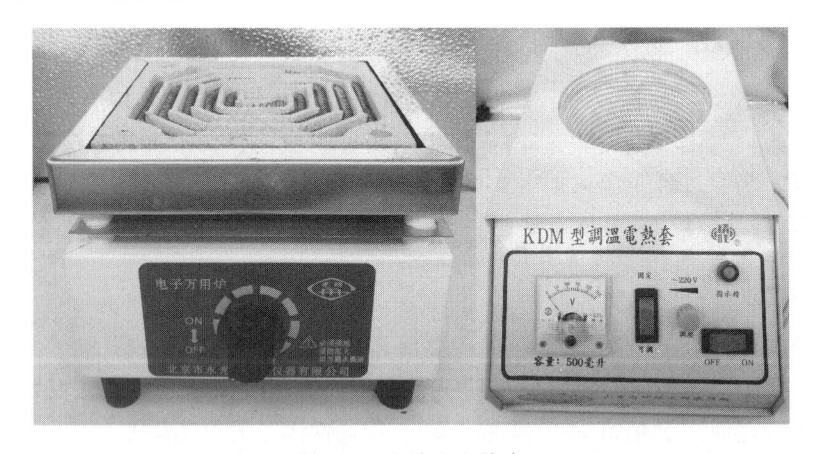

图 4.5 电炉和电热套

在使用电热套加热时应注意以下事项：①电热套电源必须有有良好的接地；②打开电热套加热开关前，必须先插好温度感应探头；③如液体滴入电热套内，必须迅速关闭电源，将电热套放入通风处，待干燥后方可使用；④长期不用时，应将电热套放在干燥无腐蚀处保存；⑤不得使用电热套取暖或者干烧。

案例：某高校研究人员使用石油醚提纯产品时，采用电热套加热回流，回流大约1小时后突然发生爆炸，爆炸引燃了电热套，当事人立即拔下电热套插座，并使用灭火器将火扑灭。本次事故中操作人员未插好温度感应探头，导致电热套温度过高，而回流所用的石油醚沸程为30～60℃，沸点非常低，结果石油醚未能完全冷却而大量挥发，当石油醚蒸气与空气混合达到一定比例，遇火星即发生爆炸。

4.2.2.4 可加热仪器

(1) 蒸发皿

蒸发皿（如图4.6所示）主要用于蒸发溶剂或者浓缩溶液；使用过程中可以直接加热，但应注意不能骤冷。采用蒸发皿蒸发溶液时不可加得太满，液面至少应距边缘1厘米。

(2) 试管

试管常用作反应器，有时也可用来收集少量气体或液体（如图4.7所示）。使用试管加热时应注意：①拿取试管时，使用中指、食指、拇指拿住试管口占全长的1/3处；②加热时管口不能对着自己或者他人；③试管内的液体不能超过容积的1/2，加热时液体不得超过1/3；④加热时必须使用试管夹，并使试管跟桌面成45°的角度；⑤加热应先给液体全部加热，然后对液体底部进行加热，并不断摇动；⑥若是给固体加热，试管应横放，且管口略向下倾斜。

图4.6 蒸发皿

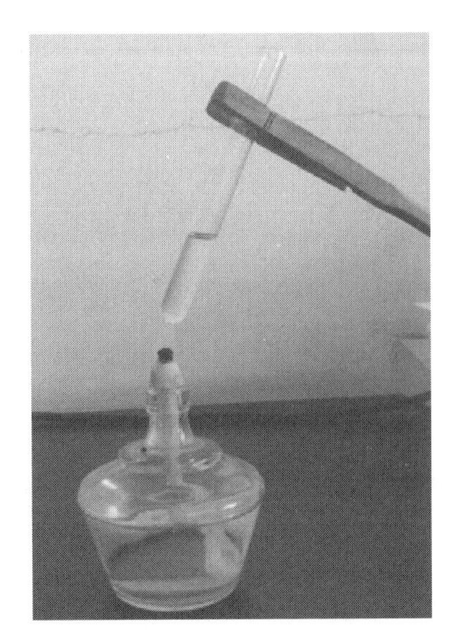

图4.7 试管加热的方式

(3) 坩埚

坩埚用于灼烧固体，使其中的物质反应（如分解）。坩埚可直接加热至高温，进行灼烧时必须放于泥三角上，并用坩埚钳夹取，使用过程中应避免骤冷（如图4.8所示）。

(4) 烧杯、烧瓶

在化学实验室中，烧杯主要用于配制、浓缩、稀释溶液；有时也可用作反应器。烧瓶（包括圆底烧瓶、平底烧瓶、蒸馏烧瓶）主要用作反应器、蒸馏、分馏和接液等（如图4.9所示）。烧杯和烧瓶均不可用于直接加热，可用于间接加热，加热时应垫石棉网。

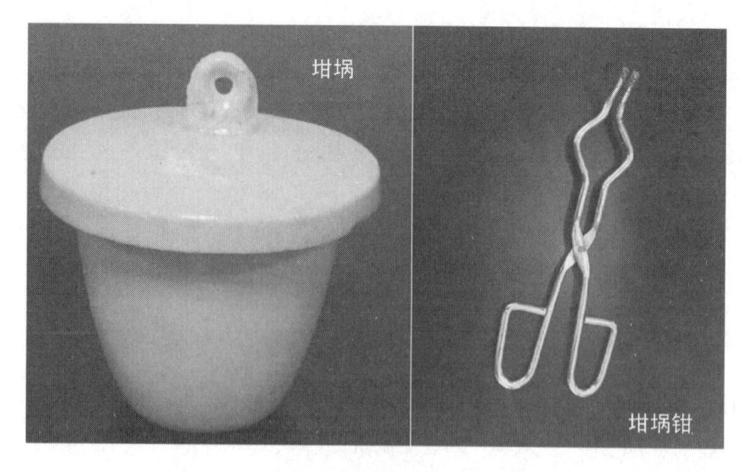

图 4.8　坩埚和坩埚钳

图 4.9　烧杯和烧瓶

此外，集气瓶、广口瓶、细口瓶等玻璃瓶均不可加热用。

4.2.2.5　计量仪器

精确的计量仪器不可高温烘烤。

(1) 量筒和容量瓶

量筒一般用于粗略量取液体的体积，容量瓶用于准确配制浓度的溶液（如图 4.10 所示）。

在使用量筒过程中应注意：①要根据所要量取液体的体积，选择适当量程，以减少误差；②量筒不能用作反应器，严禁直接用量筒配制溶液。

使用容量瓶应注意以下事项：①容量瓶不可作为反应器；②不可加热；③瓶塞不可互换；④不宜用于存放溶液；⑤在所标记的温度下使用才能保证体积的准确；⑥配制光不稳定溶液时应使用棕色容量瓶。

(2) 滴定管

滴定管主要用于中和滴定（也可用于其他滴定）实验，也可准确量取一定量的液体；分为酸式滴定管和碱式滴定管（如图 4.11 所示）。使用过程中应注意：①酸式滴定管不可盛装

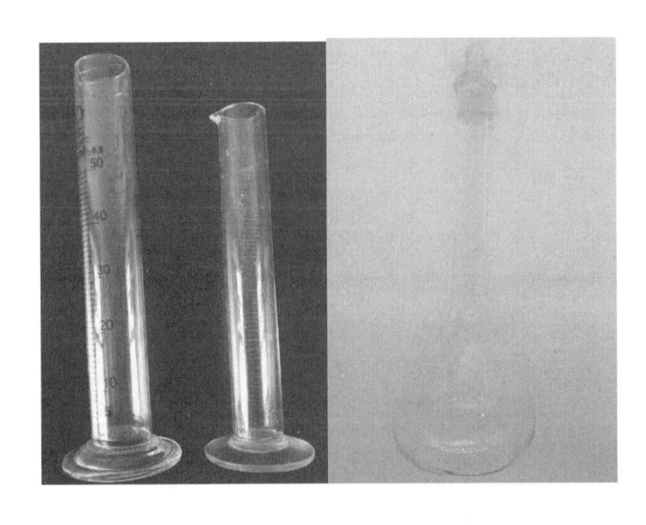

图 4.10 量筒和容量瓶

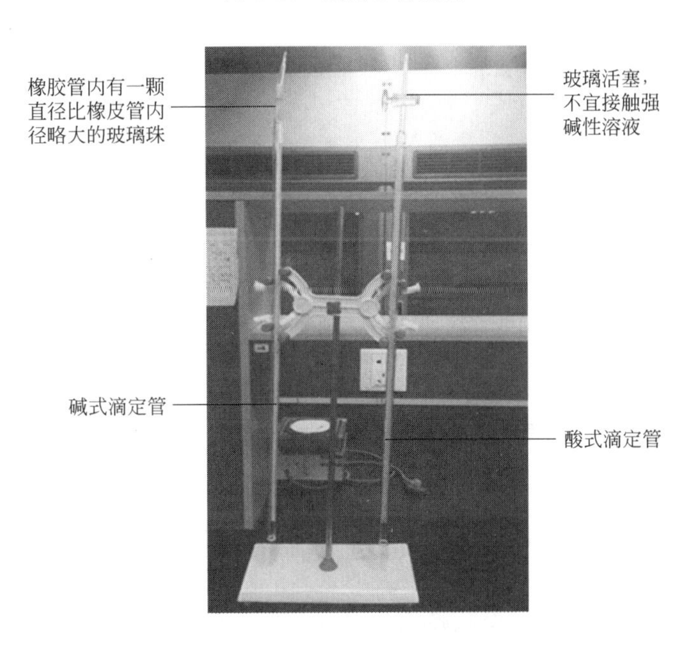

图 4.11 酸式滴定管和碱式滴定管

碱性溶液，相反，碱式滴定管亦不可盛酸性溶液；②强氧化剂（高锰酸钾溶液、碘水等）应放于酸式滴定管；③滴定管的“零”刻度位于上方；④滴定过程中应选用滴定管中间段液体，以确保数据准确；⑤滴定管不可加热。

案例：有一学生在实验中，由于粗心将 NaOH 装入酸式滴定管中，造成活塞玻璃腐蚀。第二次实验时该生在旋转活塞时将管损坏，玻璃刺入手掌，碱液浸入伤口，由于处理不及时，致使手掌红肿，化脓近一个月。本次事故学生违规在酸式滴定管中加入强碱，导致腐蚀活塞，发生问题后学生不应该强行旋转，应该报请老师处理或者更换滴定管。

4.2.3 常见溶液配制

4.2.3.1 硫酸溶液配制

浓硫酸，分子式：H_2SO_4，俗称坏水，指质量分数大于或等于70%的硫酸溶液，是一种高腐蚀性的强矿物酸。浓硫酸具有很强的强氧化性、脱水性、吸水性、强腐蚀性。配制硫酸溶液过程中，由于硫酸与水接触后大量放热，应在搅拌状态下，将硫酸分批次缓慢加入水中。待冷却至室温后方可进一步操作或封口储存。

> **案例：** 某高校一名学生在配制硫酸溶液时，违反操作规程，误将水加入浓硫酸中，造成酸液沸腾喷溅在手、脸、眼中，致使形成较重的灼伤。本次事故学生违反了硫酸溶液配制程序，硫酸遇水会放热，温度甚至可超过100℃，而水的密度低于硫酸，极易在酸液上沸腾喷出。

4.2.3.2 碱溶液配制

碱性溶液（如：氢氧化钠溶液）配制过程中常常大量放热，且具有强烈的腐蚀性；部分碱的溶解性不好，配制过程中常常需要加热。因此，在实验过程中需要注意以下事项：①氢氧化钠称量时应放在玻璃器皿里；②配制完必须立即塞紧瓶塞，以免与空气中物质发生反应引起变质；③瓶塞不得用玻璃塞，必须用橡胶塞。

4.2.3.3 氢氟酸溶液配制

氢氟酸是氟化氢（HF）气体的水溶液，是一种弱酸。氢氟酸具有极强的腐蚀性，能强烈腐蚀金属和玻璃等含硅的物质。因此，配制和存放氢氟酸溶液时应注意避免使用玻璃容器和金属容器，只能使用塑料容器取用。废弃的氢氟酸溶液应使用塑料桶进行收集处理。由于氢氟酸具有强腐蚀性，使用和配制氢氟酸必须戴手套。不慎滴到皮肤必须立即使用清水彻底冲洗。

4.2.3.4 重铬酸钾洗液配制

重铬酸钾洗液具有很强的氧化性，可氧化许多物质，达到去污的作用，对很多难以洗涤的污渍清洗效果较好，此外，对于不易刷洗的仪器（比如口径小的玻璃仪器）来说，也是一种良好的清洁剂。但是由于重铬酸钾洗液的强氧化性，且配制过程中要使用硫酸，配制和使用要注意以下几点：①要先将重铬酸钾溶于水中，可适当加温帮助溶解；②往重铬酸钾水溶液中加浓硫酸时要缓慢、分次加入，此时会产生大量热量，要防止容器破裂（宜用耐高温的陶瓷缸或耐酸搪瓷或塑料容器，切忌用量筒来配制）；③重铬酸钾洗液的除污力很强，具有较强腐蚀性，要避免接触皮肤和衣服；④重铬酸钾洗液应贮存于带盖的容器中，一旦洗液变绿，表明逐渐失活，可加 $KMnO_4$ 粉末进行活化，用砂芯漏斗滤去产生的 MnO_2 沉淀后再循环使用；⑤洗液彻底失效后，必须进行无害化处理，不可直接排放下水道。

4.2.3.5 用有机溶剂配制溶液

由于实验需要，部分溶液需要用有机溶剂做溶剂进行配制。这类溶液的配制需要注意以下几项：①有毒或易挥发的溶剂使用应在通风橱中操作；②有机溶剂要尽量避免接触皮肤，不慎接触到应立即用水冲洗；③有些在有机溶剂中难溶的物质，需要加热溶解，禁止使用明火加热，加热过程中要不停搅拌；④对于易挥发溶剂配制的溶液应迅速塞好塞子，于低温中储存。

4.3 常见化学设备安全操作

4.3.1 一般实验设备的操作

对于化学实验室中的一些常规实验设备，其危险性虽然不大，但是因为存在量大，比较普遍，这些设备使用不善也会产生较大安全隐患。

4.3.1.1 冰箱

为加强实验室冰箱（如图 4.12 所示）的使用与管理，提高冰箱使用寿命及效率，保证其处于良好的使用状态，减少冰箱使用安全隐患，在实验室使用冰箱时需要注意以下几项：①实验室冰箱的用电线路应该尽量简单，插头上要粘贴警示标志，不能随意插拔，且冰箱的插线板不要和别的仪器共用；②保藏低沸点试剂时使用专业的防爆冰箱（如乙醚、二氯甲烷等），如因条件所限，使用普通冰箱储存低沸点试剂时一定要绝对密封，平稳放置；③发生停电事件后，一定要把冰箱门敞开一段时间之后再重新接通电源；④冰箱需要定期清理过期或长期无人使用的试剂；⑤实验室冰箱绝对禁止存放个人食品；⑥冰箱应该及时除霜。

冰箱内部：所有试剂务必盖紧瓶盖

图 4.12 实验室冰箱

案例：河北某大学同学将盛有乙醚溶液的烧瓶放入冰箱保存时，漏出乙醚蒸气，由箱内电器开关产生的火花引起着火爆炸，箱门被炸飞。本次事故学生的错误是保存低沸点溶液时没有做到绝对密封，而且乙醚之类的低沸点物质应该放入防爆冰箱内保存。

4.3.1.2 旋转蒸发仪

旋转蒸发仪（如图 4.13 所示）主要用于在减压条件下连续蒸馏大量易挥发性溶剂，是有机化学实验室重要的仪器。在使用过程中应注意：①使用时要先抽真空，再打开旋转，以防蒸馏烧瓶滑落；②停止时，应先停旋转，右手扶蒸馏烧瓶，通气，待真空度下降再停真空泵，以防蒸馏瓶脱落和真空泵中的水倒吸；③水浴锅通电前必须加水，禁止无水干烧；④若样品黏度大，应放慢旋转速度，以便形成新的液面使溶剂蒸出；⑤使用旋转蒸发仪前，必须先打开冷凝水，待降到设定温度，方可开始使用；⑥离开实验室前，必须检查旋转蒸发仪是否关闭，特别是水浴锅部分。

图 4.13　旋转蒸发仪

案例：四川某大学高分子学院由于插有天平、旋转蒸发仪和烘箱的插座没有关闭导致短路起火，共烧毁 5 间实验室。本次事故中旋转蒸发仪插座使用不当，是产生事故的一个原因。旋转蒸发仪本身因为配有水浴锅，功率较大，另有旋转控制插座，还需配备真空泵和低温冷却液循环泵，功率较大，如果所有插座都在一个插线板上，是存在重大安全隐患的。

4.3.1.3 低温冷却液循环泵

低温冷却液循环泵（如图 4.14 所示）主要为化学反应的冷凝管或旋转蒸发仪的冷凝部件提供特定温度的冷凝液，实现冷凝的效果。使用过程中应注意：①冷却槽内的冷却液不能低于仪器标识部位，以免造成循环泵的损坏；②低温冷却液循环泵应该安置在干燥通风处；③低温冷却液循环泵必须有良好的接地线；④低温冷却液循环泵使用过程中大量放热，周围不得摆放易燃易爆物质；⑤由于低温冷却液循环泵压缩机含有高压气体，遇故障时，切记个人不得随意拆卸，必须由专业人员进行维修。

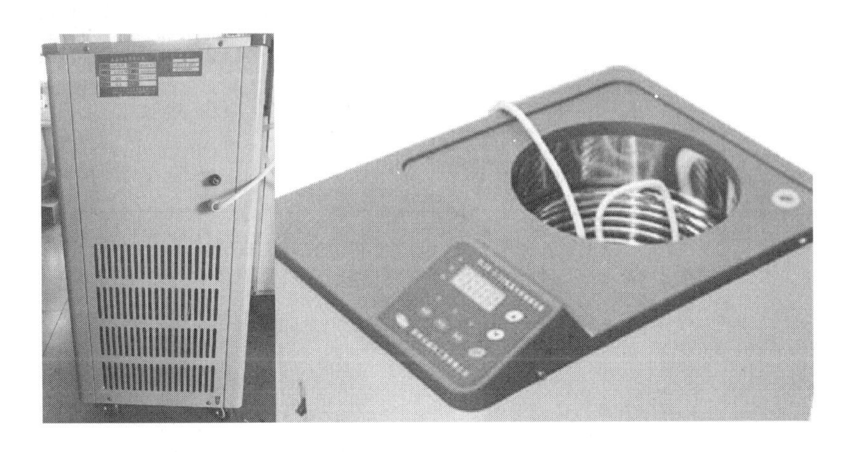

图 4.14 低温冷却液循环泵

案例：某化学研究所使用低温冷却液循环泵时以液体乙醇作为循环冷却液体，然而因为循环泵用的塑料管老化，泄漏出的乙醇导致起火，烧毁一个通风橱，产生大量浓烟。本次事故中低温冷却液循环泵使用液体乙醇作为循环冷却液是允许的，这样可以设置更低的冷却温度，但是涉及较低温度的有机液体循环，要考虑塑料管的耐受性，一旦大量泄漏存在一定危险。

4.3.1.4 超声波清洗器

超声波清洗器（如图 4.15 所示）是化学实验室清洗仪器和超声提取的重要装置，使用过程中应注意：①超声波清洗器的电源必须有良好接地装置；②清洗缸内无液体，禁止打开开关，以免损坏震动头；③带加热功能的超声波设备，在无液体时禁止打开加热开关；④禁止用重物碰撞缸底；⑤清洗玻璃仪器后，倾倒废水应注意碎玻璃片，以免划伤手。

案例：某实验室研究生使用超声波清洗器时，不管台面上大量的积水，继续使用其清洗玻璃仪器，导致超声波清洗器损坏。本次设备损坏主要是因为研究生不了解超声波清洗器的构造，超声波清洗器虽然可以加水操作，但其底部有工作主板，让超声仪在积水较多的地方工作或者存放，极易使主板烧毁。

图 4.15 超声波清洗器

4.3.1.5 蓄电池

为加强实验室蓄电池（含 UPS 电源）管理，提高蓄电池使用的寿命、性能和效率，保证其处于良好的备用状态，减少蓄电池使用安全隐患，在使用蓄电池时需要注意：①蓄电池的日常管理、维护工作安排专人负责，定期对电池进行检查和维护，并完整、准确、真实地记录检查结果；②蓄电池的存放应有良好的通风，远离水、可燃性气体、腐蚀剂等危险物品；③蓄电池室照明应使用防爆灯，发生火灾不得使用二氧化碳灭火器，必须用四氯化碳类灭火器灭火；④蓄电池室应保持清洁，清洁电池外表时可用肥皂水，不可使用有机溶剂；⑤蓄电池壳体上的排气安全阀严禁堵塞，以免造成事故；⑥蓄电池使用时一般负载不宜超过其额定负载的 60％；⑦定期检查蓄电池各连接点的接触是否良好，是否发热，长期搁置备用的蓄电池，定期进行补充充电及核对性放电试验；⑧定期对蓄电池进行人为充、放电，充、放电时应满足使用说明中所规定的条件，严禁对蓄电池过流充电、过压充电及过度放电；⑨废旧蓄电池不得随意堆放、丢弃，须由具备相应处置资质的专业公司进行回收。

4.3.2 高压、高速、高（低）温和高能设备使用

高压、高速、高（低）温和高能设备是常常引起实验事故的设备。高压设备包括气瓶、高压蒸汽灭菌锅等，高速设备主要包括离心机等，高温和低温设备包括马弗炉、精馏塔、低温储罐、烘箱等，高能设备包括激光器和 X 射线装置等。因此，了解这些设备的安全隐患和使用注意事项对于实验室安全非常重要。

4.3.2.1 气瓶

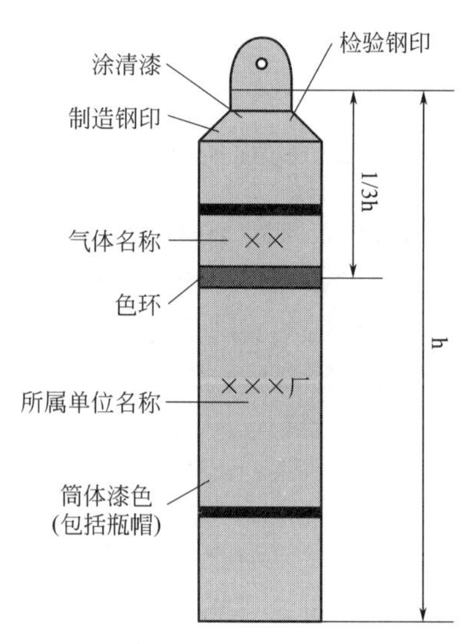

图 4.16 气瓶颜色喷涂位置及标记

气瓶是盛装永久性气体、液化气体或溶解气体的移动式压力容器。气瓶色环的颜色是识别瓶内气体种类重要的特征。在我国，无论哪个厂家生产的气体钢瓶，只要是装同一种气体，其气瓶色环的颜色必然是一样的。因此，必须熟记一些气瓶的颜色及标记（如图 4.16 和

表 4.1 所示)。

表 4.1 实验室气瓶颜色标记

名称(化学式)	气瓶外表颜色	字样和颜色	色环[①]
氢(H_2)	深绿	氢(红色)	$p=20$,黄色单环 $p=30$,黄色双环
氧(O_2)	天蓝	氧(黑色)	$p=20$,白色单环 $p=30$,白色双环
氮(N_2)	黑	氮(黄)	$p=20$,白色单环 $p=30$,白色双环
氦(He)	银灰	氦(绿)	$p=20$,白色单环 $p=30$,白色双环
乙烯(C_2H_4)	棕	液化乙烯(黄)	$p=15$,白色单环 $p=20$,白色双环
二氧化碳(CO_2)	铝白	液化二氧化碳(红)	$p=20$,黑色单环
天然气(民用)	棕	天然气(白)	
液化石油气	银灰	液化石油气(红)	
甲烷(CH_4)	棕	甲烷(白)	$p=20$,黄色单环 $p=30$,黄色双环
丙烷(C_3H_8)	棕	液化丙烷(白)	

① 色环 p 代表气瓶的公称压力(MPa)。

(1) 气瓶使用的一般要求

① 气瓶应直立固定;

② 禁止敲击、撞击;禁止曝晒,远离明火和其他高温热源;

③ 开阀时要缓慢开启,防止升压过快导致高温产生;放气时操作人员应站在出气口侧面;开阀后观察减压阀压力变化,待压力合适再缓慢开启减压阀;关闭气瓶应用手旋紧,不得用工具硬扳,以防损坏阀门;

④ 气瓶必须专瓶专用,不得擅自改装,气瓶瓶身的颜色和字迹必须完整、清晰;

⑤ 各种气体的减压阀不得互换,氧气和可燃气体的减压阀不能互用;

⑥ 瓶内的气体不得用尽,应保持在 196kPa 以上压力的余气,防止其他气体的倒灌,方便充气单位进行检验;

⑦ 液化气体在冬天或者压力降低时出气缓慢,可用热水加热瓶身,不得用明火烘烤;

⑧ 可燃性气体一定要有防止回火的装置;

⑨ 如发生气瓶漏气,必须由专业人员维修,不得擅自检修;

⑩ 对于已投入使用的气瓶应定期检验,从出厂之日起每 4 年检验一次,使用超过 15 年气瓶的强制报废。检验合格标志为钢角阀上的检验环,按照检验环上的时间使用气瓶,过期的钢瓶应及时检验,确认其安全状况后方可使用;

⑪ 气瓶存放最好有专用的房间,如放在实验室,最好配有自动报警系统,并保持良好的通风;

⑫ 气瓶最好放在专用气瓶柜中(如图 4.17 所示),并用固定链条固定,以防气瓶倾倒产生危险;

⑬ 气瓶搬运之前要带好瓶帽,以免搬运过程中损坏瓶阀,搬运过程必须小心谨慎,不可拖拽、平滚、碰撞等。

图 4.17 专用气瓶柜

(2) 氧气瓶

氧气瓶在实验室使用时需要注意以下事项：①氧气接触油脂会氧化发热，甚至燃烧、有爆炸的危险，因此避免接触油脂类物质；②气瓶不得靠近热源，禁止曝晒；③气瓶要有防振圈，且不得使气瓶跌落或受到撞击；④气瓶要戴安全瓶帽，防止摔断瓶阀造成事故；⑤气瓶内氧气不可全部用尽，应留有余压（0.1～0.2MPa）；⑥气瓶严禁沾染油污；⑦瓶阀冻结时，严禁火焰加热，可用热水或水蒸气加热解冻；⑧一般气瓶可用肥皂水检漏，但氧气瓶不可用肥皂水检漏，以防止氧气与有机物发生反应而引起危险；⑨氧气瓶和可燃性气瓶不能放同一室；⑩将氧气排放到大气中时，应确保附近无火灾危险。

(3) 乙炔气瓶

乙炔气瓶在实验室使用时需要注意以下事项：①乙炔为易燃气体，因此，乙炔气瓶必须放在通风良好的地方；②乙炔使用压力一般不可超过 $1kgf/cm^2$，减压阀一般旋开不超过半圈；③气瓶不得靠近热源，禁止曝晒；④气瓶要有防振圈，且不得使气瓶跌落或受到撞击；⑤气瓶要戴安全瓶帽，防止摔断瓶阀造成事故；⑥气瓶应与明火保持10米以上距离，与氧气瓶不得放在同一室；⑦乙炔气瓶只能直立放置，避免丙酮流出。

(4) 液化气瓶

液化气瓶在实验室使用时需要注意以下事项：①液化气瓶应该放置在容易搬动而又通风干燥、不容易受腐蚀的地方；②要防止潮湿或油污腐蚀钢瓶，保持钢瓶的清洁；③贮气瓶严防曝晒、严禁靠近明火或温度较高的地方；④气瓶要直立使用、严禁倒立或卧倒使用，不管是满瓶或空瓶都严禁撞击；⑤禁止用开水和明火加热钢瓶强行气化。

(5) 氢气瓶

氢气瓶在实验室使用时需要注意以下事项：①氢气与空气混合的爆炸范围很宽，因此必须避免从钢瓶中快速释放出氢气；②氢气瓶必须放在通风良好处；③使用过氢气的设备必须用氮气等惰性气体置换；④氢气瓶不可与氧气瓶一起存放；⑤气瓶严禁碰撞、敲击，必须远离火源。

案例：某高校研究生给一个分析仪器充入氮气时，离开充气实验室去其他实验室办事，回来后正在充气的分析仪器发生爆裂，飞出的玻璃片将该学生手臂和腹部割伤，导致大量出血，幸亏其他同学发现，及时送医治疗。本次事故的主要原因是研究生充气时离开，致使分析仪器内的压力超过其最高允许工作压力，导致爆炸。操作气瓶时一定要记住，充气完成后必须将气瓶的总阀和减压阀关闭。

4.3.2.2 高压蒸汽灭菌器

高压蒸汽灭菌器（如图 4.18 所示）操作人员要熟知设备性能及操作要求，严格地按照操作规程使用高压容器设备。实验室使用高压灭菌设备时需要注意以下事项：①医用灭菌器开机前，检查密封圈、前封板、门板、直线导轨有无杂物和损坏；检查障碍开关及锁紧有无异常；用干净的棉布进行擦洗；②高压灭菌器连接的蒸汽源及水源开关时，首先检查其压力是否达到核定标准，水源压力是否达到规定值；③高压灭菌器设备运行中，操作人员不得远离设备，应密切观察设备的运行状况，如有异常，及时处理，防止意外事故发生；④高压灭菌器运行结束后，待室内压力回零后，方可打开后门取出物品；⑤灭菌器使用结束后，打开仓门，切断设备控制电源和动力电源或空气压缩机电源，关闭蒸汽源、供水阀门及压缩空气阀门；⑥高压灭菌器使用完毕后应保持其内外及操作间清洁，应将舱内污物清洗干净，以防杂质堵塞。

图 4.18　高压蒸汽灭菌器

4.3.2.3 离心机

离心机（如图 4.19 所示）是利用离心力，分离液体与固体颗粒或多相液体的混合物中各组分的机械。实验室常用的是电动离心机，其转动速度较快。为了提高离心机使用性能及寿命，减少离心机使用安全隐患，使用离心机时需要注意以下事项：①使用离心机时必须使用试管垫或将其套管底部垫上棉花；②禁止使用老化、变形及伪劣的离心试管；③电动离心机在使用时如有噪音或机身振动时，应立即切断电源，及时排除故障；④启动离心机时，应盖上离心机顶盖后，方可慢慢启动；⑤分离结束后，先关闭离心机后方可打开离心机盖；⑥离心时实验者不得离开；⑦使用离心机时，应避免穿戴宽松的衣服、领带；长发不可披肩；⑧摆放离心管时要注意受力平衡。

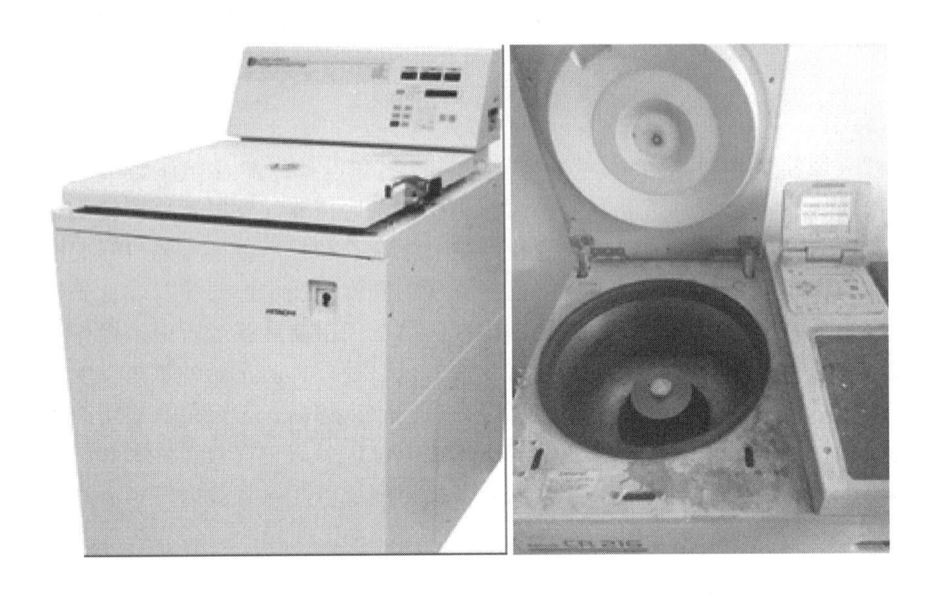

图 4.19　大型冷冻离心机

> **案例：** 某高校一位老师在实验室使用一台大功率离心机时，离心机高速运转后，转子从机体里飞出，砸穿墙体，落在了隔壁的实验室里，所幸无人员伤亡。本次事故的主要原因是该老师在启动离心机前未将离心机中的样品放置均匀，高速旋转后转子失衡高速飞出。

4.3.2.4　反应釜

反应釜（如图 4.20 所示）是一种低高径比的圆筒形反应器，用于实现液相单相反应过程和液液、气液、液固、气液固等多相反应过程。反应器内常设有搅拌装置。在反应过程中物料需加热或冷却时，可在反应器壁处设置夹套，或在器内设置换热面，也可通过外循环进行换热。使用反应釜时需要注意以下事项：①在使用反应釜前先检查与反应釜有关的管道和阀门，在确保符合受料条件的情况下方可投料，同时检查搅拌电机、减速机、机封等是否正常，减速机油位是否适当，机封冷却水是否供给正常；②严格执行工艺操作规程，密切注意反应釜内温度和压力以及反应釜夹套压力，严禁超温和超压；③若发生超温现象，立即用水降温，降温后的温度应符合工艺要求；④若发生超压现象，应立即打开放空阀，紧急泄压；⑤若因停电造成停车，应立即停止投料；若投料途中停电，应立即停止投料，打开放空阀，给水降温；若长期停车应将釜内残液清洗干净，关闭底阀、进料阀、进汽阀、放料阀等。

图 4.20　反应釜

> **案例：** 北京某高校实验室反应釜发生爆炸，幸亏人员未受伤，但实验室部分设备损坏。本次事故的主要原因是反应釜制作简陋，不能自行加热，研究生违规使用高温加热炉外加热反应釜导致爆炸，这次事故提醒我们一定要使用质量合格的反应釜。

4.3.2.5　马弗炉

马弗炉（如图 4.21 所示）主要用于溶解、分析和一般小型钢件淬火、退火、回火等热处理时加热。马弗炉在使用时需要注意以下安全事项：①通电前，先检查马弗炉电气性能是否完好，接地线是否良好，并应注意是否有断电或漏电现象；②使用时炉膛温度不得超过最高炉温，也不要长时间工作在额定温度以上；③热电偶不要在高温状态或使用过程中拔出或插入，以防外套管炸裂；④工作环境要求无易燃易爆物品和腐蚀性物质，禁止向炉膛内灌注各种液体及易熔解的金属；⑤在炉膛内放取样品时，应先关断电源，并轻拿轻放，以保证安全和避免损坏炉膛；⑥为延长产品使用寿命和保证安全，在设备使用结束之后要及时从炉膛内取出样品，退出加热并关掉电源。

> **案例：** 某实验室研究人员将超高分子量聚乙烯放入 750℃的马弗炉中，放置过程中坩埚没夹稳，聚乙烯撒入马弗炉，立即着火，冒出浓烟，操作人员立即用干粉灭火器将火扑灭。本次事故中研究人员操作失误，导致有机物直接洒在马弗炉内，从而引发燃烧。

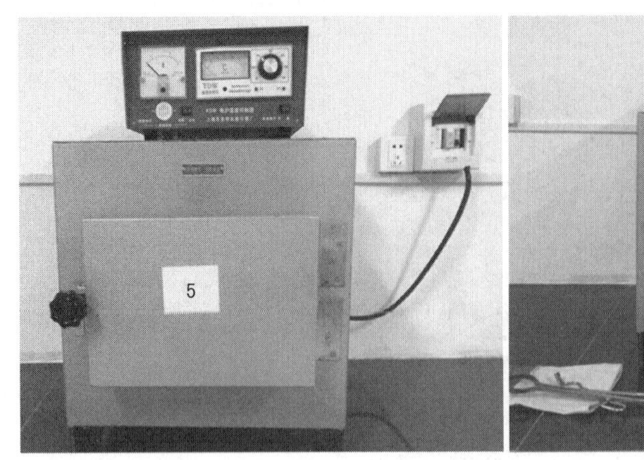
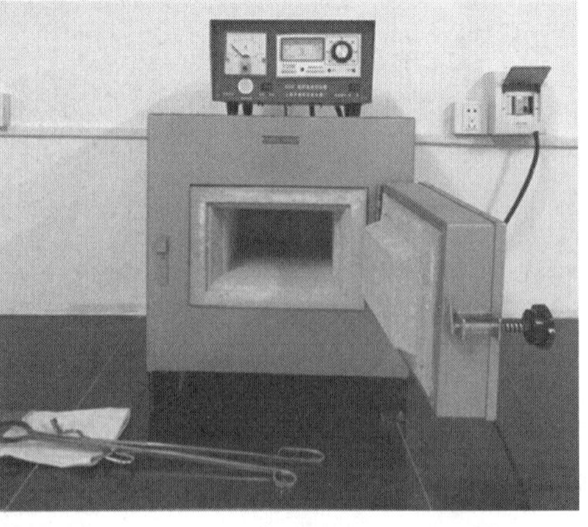

图 4.21 马弗炉

4.3.2.6 精馏塔

为加强实验室精馏塔（如图 4.22 所示）管理，减少精馏塔使用安全隐患，在实验室使用精馏塔时需要注意以下事项：①分析精馏过程，树立整体观念；②严格控制全塔的物料平衡是保持精馏过程稳定连续运行的重要条件，其中物料的总进料量要恒等于总出料量，此外还要注意在满足总物料平衡的条件下满足组分物料平衡；③精馏塔在使用过程中要严格控制温度，一般精馏塔都在塔顶、中部、塔釜设三个测温点，而操作控制的重点是中部温度；④要维持精馏操作的稳定必须控制塔内操作压力的恒定，塔压波动将改变整个塔的操作状况，而且容易造成安全事故；⑤精馏过程结束后务必排渣及清洗系统，以免有害物质随时间的延长在塔中逐渐达到浓集，从而导致爆炸或其他事故。

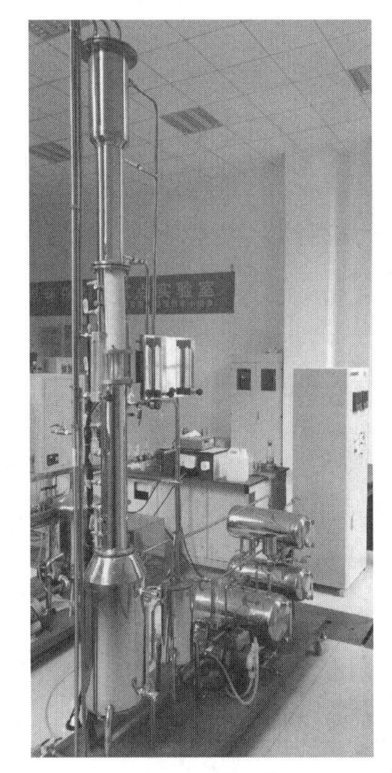

图 4.22 精馏塔

4.3.2.7 烘箱

为加强实验室烘箱管理，减少烘箱使用安全隐患，实验室使用烘箱时需要注意以下事项：①烘箱应安放在室内干燥和水平处，防止振动和腐蚀；②要注意安全用电，根据烘箱耗电功率安装足够容量的电源闸刀，足够的电源导线，并应有良好的接地线；③禁止烘易燃、易爆、易挥发及有腐蚀性的物品，或者用酒精丙酮淋洗过的玻璃仪器；④在加热和恒温的过程中必须将鼓风烘箱的风机开启，否则影响工作室温度的均匀性并且会损坏加热元件；⑤烘箱在使用时，温度切勿超过烘箱的最高使用温度；⑥工作完毕后应及时切断电源，且保持烘箱内外干净；⑦电热烘箱一般只能用于烘干玻璃、金属容器和在加热过程中不分解、无腐蚀性的样品。

案例：四川某高校化学实验室研究生将未完全挥发完甲醇的硅胶放入烘箱中烘烤，导致硅胶起火，使烘箱烧毁，幸亏处置及时，未导致严重后果。本次事故中学生违规将易燃化学物放入烘箱中（可能学生认为硅胶中甲醇已挥干，但是硅胶吸附力强，极可能吸附一些溶剂，是不能放入烘箱的），甲醇是易燃有机物，闪点只有12℃，用烘箱特别是老式烘箱烘干时，可能产生电火花，引燃甲醇。

4.3.2.8 液氮储罐

低温储罐是一种常见的储存低温液体的设备，在很多行业领域中发挥着重要作用，而且根据罐内储存液体种类性质的不同，在使用维护方法上各有不同，相应的需要注意的安全事项也各有区别。液氮储罐（如图 4.23 所示）是实验室常见的低温储罐，使用液氮低温储罐应注意以下事项：①根据液氮的具体特性，在使用中为了保证储存液氮的安全和效果，需要对储罐的内腔进行清洗，防止液氮对储罐内壁进行侵蚀破坏，在清洗时首先将罐内残余的液氮排放完全，以免剩余的液氮造成安全事故；②排放彻底后，根据液氮的性质要用中性洗液清洗罐体，然后再用大量的清水冲洗罐体，洗液与清水的温度不允许超过40℃；③清洗后的低温储罐，不能立刻使用，待水分挥干之后再进行液氮注灌操作，而且在大量注入之前必须要进行预注操作，以保证罐内的温度达到标准；④低温储罐在使用中应该定期进行保养维护，保证储罐的使用效果；⑤低温储罐的存放环境要保持通风、干燥；⑥利用低温储罐来储存液氮时要注意颈塞状况，防止因低温而产生结冰现象，如果出现结冰要及时清除处理；⑦不得拆弄外筒防爆装置和真空阀，否则将破坏贮罐的真空度；⑧外壳严禁碰撞，以免影响真空度；⑨特别注意避免液氮与皮肤直接接触，装填液氮应穿戴护具，切忌使用棉质手套，因为毛细现象会吸着液氮导致冻伤。

图 4.23　液氮储罐

4.3.2.9 微波消解仪器

微波消解仪（如图 4.24 所示）是指用各种酸或者部分碱液与待测样品混合后，经微波封闭加热，从而使样品在高温高压条件下快速溶解的方法。微波消解仪在使用过程中需要注意以下事项：①陶瓷管外壁和内壁要擦干净，不能有污渍，防止爆炸；②陶瓷外管和消解管使用时都不能有水，否则容易爆炸或发生机器故障；③绝对不能消解汽油、甘油、乙醇、炸药等易燃易爆化学物质；④每次用完仪器后，要保持仪器清洁，特别注意探头和接口处不能有污渍，否则容易短路。

4.3.2.10 超净工作台

超净工作台（如图 4.25 所示）使用应注意以下事项：①紫外灯打开时，必须避免紫外线

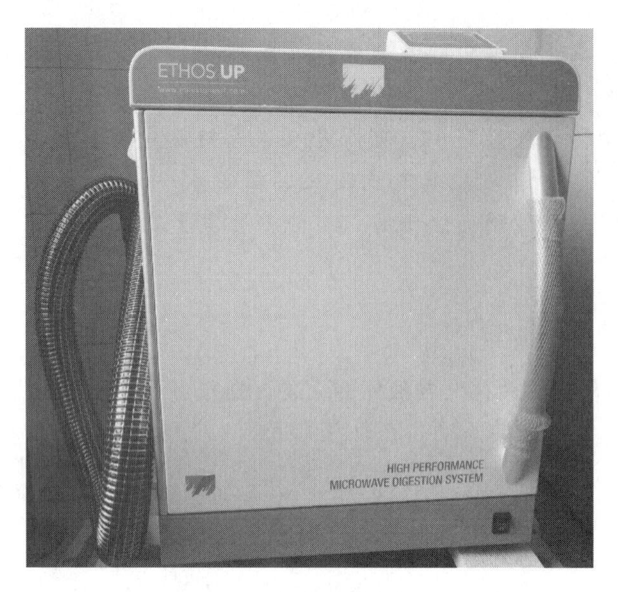

图 4.24　微波消解仪

图 4.25　超净工作台

照射皮肤和眼睛；若被紫外线灼伤，应立即就医；②超净工作台对操作人员不具有保护功能，因此，致病菌等对人体有害的操作必须在生物安全柜中进行，不得在常规超净工作台上进行。

4.3.3　精密贵重仪器安全操作

精密贵重仪器的安全操作主要是考虑仪器安全，很多精密设备一旦违规使用，极可能造成仪器破损，产生昂贵的维修费用，并导致仪器停摆，降低仪器的使用效率。大型精密贵重设备一定要在有资质的人员指导下进行操作，或者经培训合格后方可独立操作。这部分内容主要列举部分精密设备安全操作的关键注意事项，不能作为仪器操作手册，实际操作时一定要以指导教师或者仪器管理者要求为准。

4.3.3.1 高效液相色谱仪/高效液相色谱质谱联用仪

为加强实验室高效液相色谱仪/高效液相色谱质谱联用仪（如图 4.26 所示）管理，保证其处于良好的备用状态，在使用高效液相色谱仪/高效液相色谱质谱联用仪时需要注意以下事项：①所有的溶剂均选用 HPLC 级试剂；②连接质谱仪时，禁止使用含不挥发性缓冲盐的流动相，流动相中如含有挥发性缓冲盐，必须用 5%甲醇或 5%乙腈冲洗；水相流动相需经常更换，防止长菌变质；③样品均用 0.45μm 的滤膜过滤后才可进样，超高效液相色谱必须用 0.22μm 的滤膜过滤；④色谱柱用合适的溶剂保存，若为 C_{18} 柱推荐用甲醇保存；⑤质谱的真空度一般要大于 10^{-6}Pa，在此范围内仪器才可正常工作。

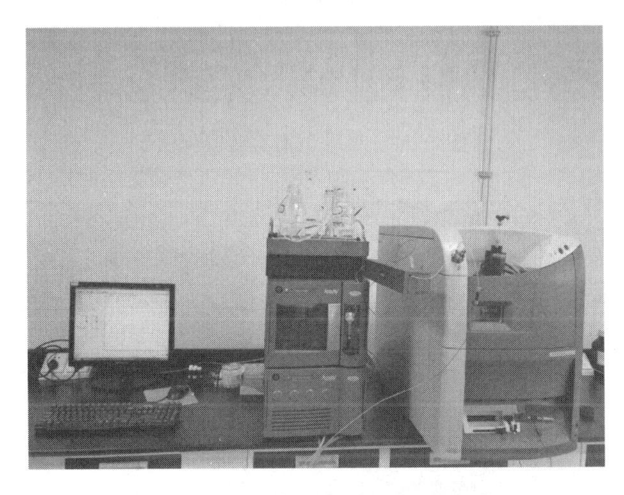

图 4.26　高效液相色谱质谱联用仪

4.3.3.2 气相色谱/气相色谱质谱联用仪

气相色谱仪常用于分离挥发性物质的色谱仪器；气相色谱质谱联用仪是将气相色谱与质谱仪进行串联（如图 4.27 所示）。使用过程中应注意以下事项：①务必记住开机前先开载气，关闭仪器时最后关气；②在仪器运行过程中，禁止通过电源开关重启质谱仪，如遇特殊情况，可通过重启按钮来实现质谱仪的重启；③测试样品前处理过程必须符合仪器要求；④气相色谱的使用应注意用气安全。

> **案例：**某实验室研究人员在开启气相色谱仪时柱温箱忽然爆炸，幸亏当时操作人员站得较远，没有受伤，但是仪器受损严重。事故原因是之前一名维修人员把色谱柱卸下，而本次操作的人员不知情，开启氢气，接通电源后发生氢气爆炸。本次事故操作人员要负主要责任，开机前没有检查气路就开启比较危险的载气氢气；维修人员要负次要责任，对仪器改动后未通知相关的使用人员。

4.3.3.3 核磁共振波谱仪

核磁共振波谱仪（如图 4.28 所示）作为一种非常重要的昂贵的大型精密仪器，在许多研究领域（特别是有机化学领域）及许多交叉学科领域具有非常重要的地位。目前，绝大多

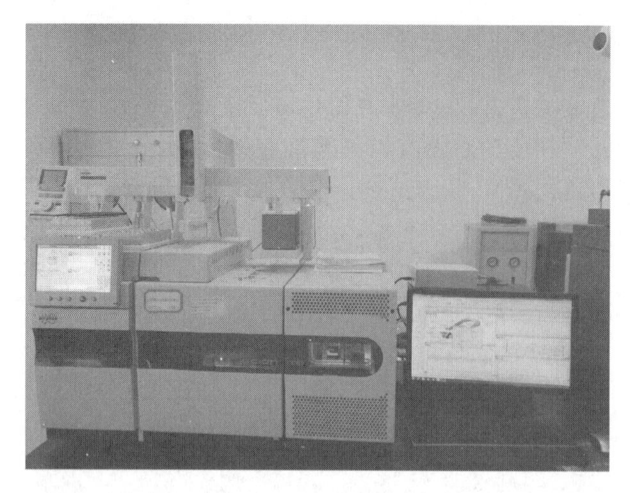

图 4.27　气相色谱质谱联用仪

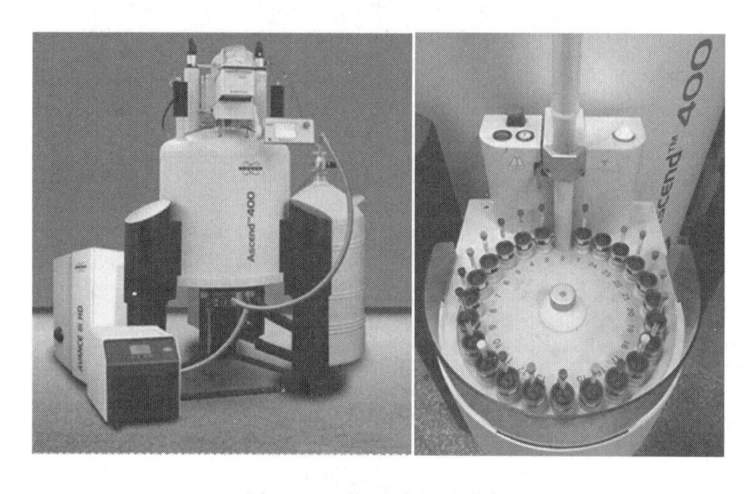

图 4.28　核磁共振波谱仪

数高校及科研机构均拥有核磁共振波谱仪。因此，核磁共振波谱仪的规范操作显得越来越重要。使用过程中应注意以下事项：①核磁共振的待测样品应装在规定的核磁管中，用适当的氘代试剂进行充分溶解；②在实验过程中，必须使用合格的核磁管，以免发生核磁管断裂，造成探头的污染或损坏；③测试前应用柔软的布擦拭核磁管，擦去汗渍和其他杂质；④仪器维护人员必须严格定期对液氦杜瓦瓶里的液氦液面进行监测、定期及时对液氦进行补充，以免对磁体造成损伤；⑤禁止携带任何铁磁性物品进入核磁共振实验室，禁止任何使用心脏起搏器及其他金属医疗器械的人员进入磁体核磁共振实验室。

4.3.3.4　X 射线光电子能谱仪

X 射线光电子能谱仪（如图 4.29 所示）是一种表面分析仪器，主要用于表征材料表面元素和化学状态，是材料科学领域重要的仪器。在使用过程中应注意以下事项：①X 射线光电子能谱的待测样品必须无磁性、无放射性以及无毒性；②样品应不吸水，且在超高真空中及 X 光照射下不分解；③样品必须不含挥发性物质，以免对高真空系统造成污染；④样品的存放必须使用玻璃制品（如称量瓶、表面皿等）或者铝箔，不得使用塑料容器和纸袋；⑤制备样品时应使用聚乙烯手套，不得使用塑料手套和塑料工具。

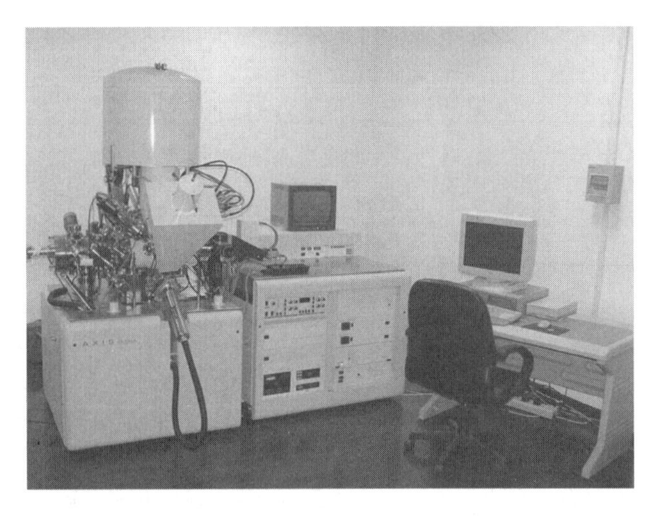

图 4.29　X 射线光电子能谱仪

4.3.3.5　电感耦合等离子体发射光谱仪

电感耦合等离子体发射光谱仪（如图 4.30 所示）主要用于金属元素的分析检测，应用领域包括材料科学、环境科学、医药食品等。使用过程中应注意以下事项：①高纯氩气和高纯氮气应存放在阴凉、通风处；每次安装好减压阀后，必须进行检漏；②点燃等离子体前，应先打开通风系统，确保炬室门封闭，锁扣到位；③开启电感耦合等离子体发射光谱仪，应先开气源，再开循环水，最后开高频电源，关闭仪器按相反的步骤进行；④打开炬室门前，应先封闭等离子体；5 分钟以后方可进行炬室的处理工作；⑤仪器操作结束后，必须封闭高频开关。

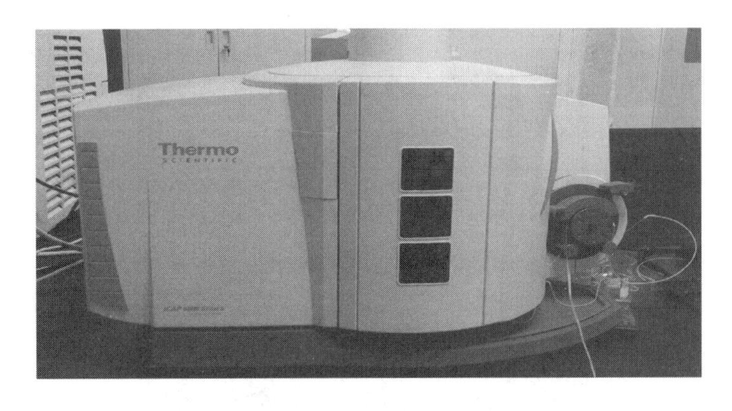

图 4.30　电感耦合等离子体发射光谱仪

4.3.3.6　扫描电镜

扫描电镜（如图 4.31 所示）是介于透射电镜和光学显微镜之间的一种微观形貌观察手段，是各种材料表征的重要手段。使用过程中应注意以下事项：①进入扫描电镜室应当穿戴鞋套，进行操作时应保持室内卫生情况，防止灰尘及其他碎屑污染；②样品必须为固体，必须在真空条件下可以长时间保持稳定；③在样品制备时可将样品置于导电胶带或者硅片上面，需经强力吸耳球吹去不粘不牢固的样品；④对于导电性不好的样品必须先进行镀金操作；⑤样品高度不能超过样品仓的安全高度，且必须用导电胶带固定牢固，以防样品在抽真空时发生脱落；⑥开关样品仓门时，送样杆必须沿轴线方向进行推拉，必须待样品仓推拉到位时再进行下一步的操作，以防损坏设备；⑦进行扫描电镜测样时一定要按规定进行操作。

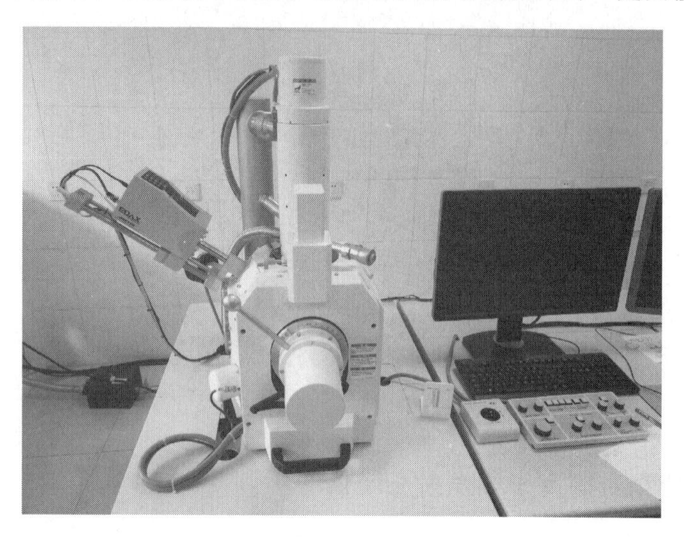

图 4.31　扫描电镜

4.3.3.7　透射电镜

透射电镜（如图 4.32 所示）是一种高分辨率、高放大倍数的显微镜，是材料科学研究的重要手段，能提供极微细材料的组织结构、晶体结构和化学成分等方面的信息。使用过程中应注意以下事项：①对于金属和生物样品必须通过离子减薄和超薄切片机进行制样处理；②样品必须进行干燥处理，磁性样品不能放进样品仓；③空气压缩机要定期放水；④高压箱内的 SF_6 气体的压力要保持在 0.012MPa 左右；⑤确保机械泵内没有异常声音，离子泵真

图 4.32　透射电镜

空度小于 2×10^{-5} Pa；⑥做 ACD 烘烤维护时要确保所有的光阑必须退出。

4.4 练　习

4.4.1 判断题

（1）实验过程中，手和身体其他部位不得直接接触化学药品，特别是危险化学品如硫酸、盐酸、氰化物等。（　　）

（2）用移液管吸取液体试剂时，必须用橡皮吸耳球吸取，特殊情况时可用嘴代替吸耳球。（　　）

（3）搬取有液体的大容量瓶子如 1 升以上的容量瓶、三角瓶等时，必须双手握住瓶子颈部。（　　）

（4）稀释浓酸时，必须将水缓慢加入浓硫酸中，并用玻璃棒缓慢不停地搅拌。（　　）

（5）禁止在明火周边使用易燃易爆物质，如：有机酸、苯、甲苯、石油醚、汽油、丙酮、甲醇、乙醇等。（　　）

（6）使用易爆化学品如：高氯酸、过氧化氢等时禁止振动、摩擦和碰撞。（　　）

（7）进行加热操作过程中，如发生着火爆炸，应立即用灭火器进行灭火。（　　）

（8）浓酸和浓碱的废液可以直接中和，再倒入废液桶。（　　）

（9）块状药品应用镊子夹取放入竖放的试管中。（　　）

（10）温度计是化学实验室测量温度的必要工具，使用时需注意不可用作玻璃棒进行搅拌，若被打破需用硫黄处理水银。（　　）

（11）分液漏斗可以用于盛酸性、碱性以及中性的液体。（　　）

（12）坩埚是用于灼烧固体，可直接加热至高温，进行灼烧时必须放于泥三角上，并用坩埚钳夹取，使用过程中应避免骤冷。（　　）

（13）碱式滴定管可盛碘水。（　　）

（14）氢氟酸是一种弱酸，具有极强的腐蚀性，配制和存放氢氟酸溶液时应使用玻璃容器或金属容器，不能使用塑料容器。（　　）

（15）超声波清洗器是化学实验室清洗仪器和超声提取的重要装置，清洗缸内无液体，禁止打开开关，以免损坏震动头。（　　）

（16）气瓶应远离明火和其他高温热源，搬运之前要带好瓶帽，以免搬运过程中损坏瓶阀，搬运过程必须小心谨慎，不可拖拽、平滚、碰撞等。（　　）

（17）氧气瓶可用肥皂水检漏。（　　）

（18）从事相关工作的市民使用液氮需格外注意，避免与皮肤直接接触，应穿戴护具，使用棉质手套。（　　）

（19）超净工作台使用应避免紫外线照射皮肤和眼睛，接种致病菌等对人体有害的微生物必须在常规超净工作台上进行。（　　）

（20）核磁共振的待测样品应装在规定的核磁管中，用适当的氘代试剂进行充分溶解。（　　）

（21）扫描电镜是介于透射电镜和光学显微镜之间的一种微观形貌观察手段，是各种材

料表征的重要手段，它对真空度没有要求。(　　)

(22) 高效液相色谱仪的色谱柱用合适的溶剂保存，若为 C_{18} 柱推荐用甲醇保存。(　　)

(23) 使用透射电镜时，金属和生物样品不需进行制样处理，可以直接进行测试。(　　)

(24) 在使用高效液相色谱仪/高效液相色谱质谱联用仪时，所有的溶剂均需选用 HPLC 级试剂。(　　)

(25) 大型精密贵重设备一定要在有资质的人员指导下进行操作，或者经培训合格后方可独立操作。(　　)

4.4.2 单选题

(1) 玻璃仪器使用要求错误的是______。

A. 装碱性溶液的瓶子，应使用橡胶塞，不得使用玻璃塞，以免腐蚀粘住

B. 玻璃器具在使用前要仔细检查，避免使用有裂痕的仪器。特别用于减压、加压或加热操作的场合，更要认真进行检查

C. 厚玻璃器皿不耐热（比如抽滤瓶），不能加热

D. 在容量瓶和量筒中直接进行溶液配制

(2) 使用易燃易爆化学品的操作要求错误的是______。

A. 凡使用甲烷、氢气等与空气混合后能形成爆炸的混合气体时，必须在通风橱内或者室外空旷处进行操作

B. 进行有爆炸危险的操作，所用到的玻璃容器必须使用磨口瓶塞

C. 加热液体时，必须接冷凝回流装置

D. 对易燃物质蒸馏或加热时，应使用水浴进行加热；沸点高于 100℃者，应使用油浴进行加热

(3) 下列关于钙存放叙述正确的是______。

A. 放在煤油中储存，不得与水或水蒸气接触

B. 放在水中储存，保持与空气隔离

C. 放在干燥箱中保存，不得与水或水蒸气接触

D. 没有明确要求，一般放普通试剂瓶中保存

(4) 容量瓶用于准确配制浓度的溶液，使用容量瓶时，以下叙述正确的是______。

①容量瓶不可作为反应器；②不可加热；③瓶塞不可互换；④不宜用于存放溶液；⑤在所标记的温度下使用才能保证体积的准确；⑥配制光不稳定溶液时应使用棕色容量瓶。

A. ①②③⑤⑥

B. ①②③④⑤

C. ①②③④

D. ①②③④⑤⑥

(5) 重铬酸钾洗液应贮存于带盖的容器中，一旦洗液变绿，表明逐渐失活，可加______进行活化，再循环使用。

A. 铜　　B. 氧气　　C. 高锰酸钾粉末　　D. 二氧化锰

(6) 添加酒精时，禁止超过酒精灯容积的______，也不可不少于四分之一。

A. 三分之一　　B. 二分之一　　C. 三分之二　　D. 四分之三

（7）在实验室使用冰箱时，下列操作错误的是________。

A. 保藏低沸点试剂时使用专业的防爆冰箱（如乙醚、二氯甲烷等）

B. 发生停电事件后，一定要把冰箱门敞开一段时间之后再重新接通电源

C. 实验室没有存放有毒试剂的冰箱可以存放个人食品

D. 冰箱应该及时除霜

（8）气瓶是盛装永久性气体、液化气体或溶解气体的压力容器，其____是识别瓶内气体种类重要的特征。

A. 压力　　B. 温度　　C. 颜色　　D. 形状

（9）装有氢气的气瓶外表颜色是______。

A. 深绿　　B. 天蓝　　C. 黑　　D. 铝白

（10）清洗时首先将罐内残余的液氮排放完全，根据液氮的性质要用______洗液清洗罐体，然后再用大量的清水冲洗罐体，洗液与清水的温度不允许超过40℃。

A. 中性　　B. 酸性　　C. 碱性　　D. 以上三个都可以

（11）电感耦合等离子体发射光谱仪主要用于______的分析检测，应用领域包括材料科学、环境科学、医药食品等。

A. 金属元素　　B. 稀有气体　　C. 气体　　D. 非金属元素

（12）精馏塔在使用过程中要严格控制温度，一般精馏塔都在塔顶、中部、塔釜设三个测温点，而操作控制的重点是______的温度。

A. 塔顶　　B. 中部　　C. 塔釜　　D. 以上三个都是

（13）色谱柱要用合适的溶剂保存，C_{18}柱推荐用______保存。

A. 水　　B. 乙酸乙酯　　C. 50%甲醇溶液　　D. 甲醇

（14）气相色谱仪操作时，正确的操作是______。

A. 开机前先开载气，关闭仪器时最后关气

B. 开机后再开载气，关闭仪器前先关气

C. 开机前先开载气，关闭仪器前先关气

D. 开机后再开载气，关闭仪器时最后关气

（15）微波消解仪可以用来消解______。

A. 汽油　　B. 牛奶　　C. 甘油　　D. 乙醇

4.4.3　多选题

（1）关于氢氟酸的说法正确的是______。

A. 存放于塑料容器中

B. 存放于玻璃容器中

C. 具有强腐蚀性，能强烈腐蚀金属和玻璃等含硅的物质

D. 使用和配制氢氟酸必须戴手套

（2）实验室使用旋转蒸发仪时正确的操作是______。

A. 使用时可以边旋转边抽真空，旋转后再开冷凝水

B. 停止时，应先停旋转，右手扶蒸馏烧瓶，通气，待真空度下降再停真空泵，以防蒸馏瓶脱落和真空泵中的水倒吸

C. 水浴锅通电前必须加水，禁止无水干烧

D. 若样品黏度大，应加快旋转速度，以便形成新的液面使溶剂蒸出

（3）使用低温冷却液循环泵的过程中应注意______。

A. 冷却槽内的冷却液必须低于仪器标识部位，以免造成循环泵的损坏

B. 低温冷却液循环泵应安置在干燥通风处

C. 低温冷却液循环泵必须有良好的接地线

D. 其周围不得摆放易燃易爆物质

（4）高压设备包括______等。

A. 气瓶

B. 高压蒸汽灭菌锅

C. 离心机

D. 精馏塔

（5）高温和低温设备包括______。

A. 马弗炉

B. 精馏塔

C. 低温储罐

D. 烘箱

（6）气瓶使用的一般要求正确的是______。

A. 气瓶应平躺横放

B. 各种气体的减压阀不得互换，氧气和可燃气体的减压阀不能互用

C. 可燃性气体一定要有防止回火的装置

D. 气瓶存放最好有专用的房间，若放在实验室，最好配有自动报警系统，并保持良好的通风

（7）为了提高离心机使用性能及寿命，减少离心机使用安全隐患，使用离心机时需要注意______。

A. 使用离心机时必须使用试管垫或将其套管底部垫上棉花

B. 禁止使用老化、变形及劣质的离心试管

C. 电动离心机在使用时如有噪音或机身振动时，应立即切断电源，及时排除故障

D. 离心过程快要结束时运转速度会减慢，此时可打开离心盖取出物品

（8）微波消解仪在使用过程中需要注意______。

A. 陶瓷管外壁和内壁若有污渍，可能发生爆炸

B. 陶瓷外管和消解管使用时需用水润湿

C. 绝对不能消解汽油、甘油、乙醇、炸药等易燃易爆化学物质

D. 用完仪器后保持仪器清洁，探头和接口处不能有污渍，否则容易短路

（9）使用高效液相色谱仪/高效液相色谱质谱联用仪时操作正确的是______。

A. 所有的溶剂均选用 HPLC 级试剂

B. 禁止使用含不挥发性缓冲盐的流动相，流动相中如含有挥发性缓冲盐，必须用 5%甲醇或 5%乙腈冲洗

C. 水相流动相需经常更换，防止长菌变质

D. 样品均用 0.45μm 的滤膜过滤后才可进样，超高效液相色谱必须用 0.22μm 的滤膜过滤

（10）电感耦合等离子体发射光谱仪使用过程中应注意的事项包括______。

A. 高纯氩气和氮气应存放在阴凉、通风处，安装好减压阀后，必须检漏

B. 点燃等离子体前，应先打开通风系统，确保炬室门封闭，锁扣到位

C. 打开炬室门前，应先封闭等离子体；待等离子体 5 分钟以上，方可进行炬室部分的处理工作

D. 仪器操作结束后，必须封闭高频开关

5 实验室危险废弃物的处理

实验室废弃物可以分为一般废弃物和危险废弃物。实验室危险废弃物通常包括各种带有有机溶剂的废弃物，以及带有铅、镉、砷、汞、钡和卤素等无机元素的废弃物。对于危险废弃物的定义和分类，不同国家、不同组织以及不同版本的资料中有所不同。我国是由环境保护部、国家发展和改革委员会于2008年6月6日发布，2008年8月1日实施《国家危险废弃物名录》为准。根据《中华人民共和国固体废物污染防治法》的规定，危险废物是指列入国家危险废物名录或者根据国家规定的危险废物鉴别标准和鉴别方法认定的具有危险特性的废物。它们具有毒性、腐蚀性、易燃性、爆炸性、反应性或感染性等特性。本章主要介绍实验室危险废弃物的分类及毒性、处置原则、处置注意事项、常见的处理方法及一些危险案例。

5.1 实验室危险废弃物的分类及危害

5.1.1 实验室危险废弃物的分类

实验室产生的危险废弃物中的有害物质不但有直接的毒害作用，若随意排放，还会进入水体、土壤、大气，并长期滞留，破坏生态环境，危害动植物及人类健康（如图5.1所示）。危险废物可通过摄入、吸入、皮肤吸收、眼接触而引起毒害，长期危害包括重复接触导致的长期中毒、致癌、致畸、致突变等。

通常，根据实验室危险废弃物的存在形态，可以将实验室危险废弃物简单分为废气、废液和固体废弃物三类（图5.2）。

（1）废气

实验室废气是由实验过程中化学试剂的挥发、泄漏和分解等产生的，其成分多为易燃及有毒气体，根据对人体的危害不同，可将其分为两类：一类是刺激性有毒气体，它们对人的眼和呼吸道黏膜有刺激作用，最常见的有氯气、氨气、二氧化硫、三氧化硫及氮氧化物等；另一类是能造成人体缺氧的窒息性气体，如一氧化碳、硫化氢、氰化氢、甲烷、乙烷、乙烯

图 5.1 随意丢弃化学废弃试剂造成严重环境问题

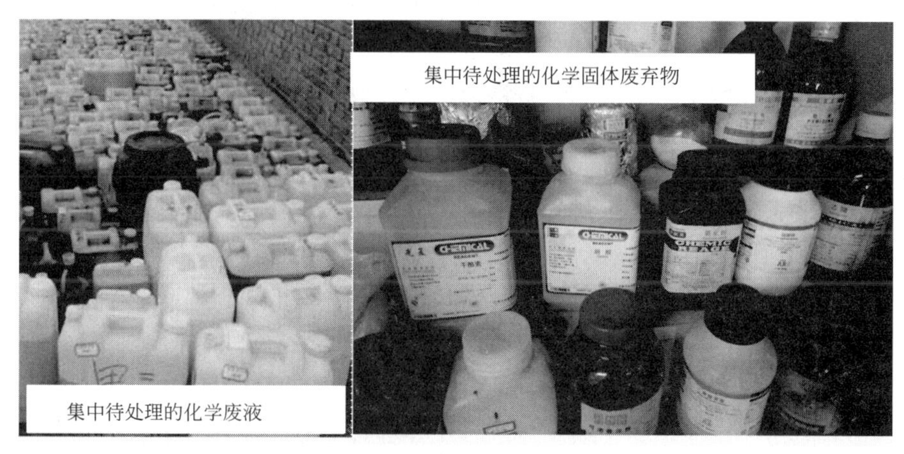

图 5.2 实验室危险废弃物

等，这些气体不但危害人体健康，引起各种疾病，而且会引发火灾等危险事故。

(2) 废液

实验室产生的废液包括一般废水和化学实验废液。一般废水主要来源于清洗仪器用水、清扫实验室用水及大量洗涤用水。化学实验废液主要有样品分析残液、失效的药液等，如各种酸碱性废液、重金属废液、含氰废液、含氟废液、含有机物废液及细菌毒素废液等。这些废液如果随意排放必然污染地下水、地表水，不但水生动物遭殃，沿途流域居民生活以及人们的生命健康也必定会受到严重影响。

案例： 某高校实验室研究生将含有乙酸乙酯和氯仿的废液直接倒入水槽，导致化学楼多个实验室和一楼办公室充满乙酸乙酯和氯仿的气味，无法工作。经学院调查后给予该生全院通报批评的处分。本次事故中研究生安全意识淡薄，直接倾倒有机废液，氯仿还会溶解水槽塑料管道，极易导致下水道泄露。

(3) 固体废弃物

固体废弃物组成复杂，危害较大，特别是过期失效的化学药品，若随意排放，混入居民生活垃圾，将直接危害居民健康，严重污染周围环境。

> **案例**：某高校在学校化学实验室搬迁时整理化学试剂，清理出来大量的过期化学试剂，很多固体试剂还没有标签，这些试剂的处理费用达到了200多万元，给学院造成极大经济损失。本次事件的教训表明，废弃试剂一定要保证标签正常清晰，以便后续处理；试剂不宜大量无计划购置。

5.1.2 实验室危险废弃物的危害

实验室危险废弃物的危害主要包括对人体健康的危害和对环境的危害。

(1) 对人体健康的危害

实验室危险废弃物对人体健康的危害往往通过可燃性、腐蚀性、反应性、传染性、放射性及浸出毒性、急性毒性等表现出来。危险化学品废弃物的毒性表现为以下三类。

浸出毒性：用规定方法对废弃物进行浸取，在浸取液中若有一种或一种以上有害成分，其浓度超过规定标准，就可认定具有毒性。

急性毒性：指一次投给实验动物加大剂量的毒性物质，在短时间内所出现的毒性。通常用半致死量表示。按照摄入毒物的方式不同，急性毒性又可分为口服毒性、吸入毒性和皮肤吸收毒性。

其他毒性：包括生物富集性、刺激性、遗传变异性、水生生物毒性及传染性等。

(2) 对环境的危害

实验室危险废弃物中的有害物质不仅能造成对人体健康的危害，还会在土壤、水体、大气等自然环境中迁移、滞留、转化，污染土壤、水体、大气等人类赖以生存的生态环境，从而最终影响到生态和健康。危险废弃物一旦进入土壤，特别是一些含有重金属的废弃物，将会导致土壤中重金属含量大幅超标，种植的作物重金属含量超标，部分废弃物会杀死土壤中的微生物，造成土壤肥力下降，生态破坏。危险废弃品如重金属一旦进入水体，极易污染土壤和水域中的鱼类，并最终危害人体健康，引发癌症等多种可怕疾病，比如日本的汞污染引起的水俣病和镉污染引起的痛痛病。很多化学实验废气如果不经吸收或者前处理直接排入大气将会严重影响空气质量，造成大气污染，严重时可使人畜中毒。部分危险化学废弃物在堆放过程中，会发生分解，产生有害气体，污染大气。还有一些危险化学品废弃物具有强烈的反应性和可燃性，极易引发火灾，造成难以挽回的损失。

5.2 实验室危险废弃物的处理原则及方法

5.2.1 实验室危险废弃物处置的基本原则

实验室产生的危险废弃物，与工业危险废弃物相比虽然在数量上较少，但是由于其种类多，组成经常变化，若处置不当也会对环境和健康造成不良影响。各个实验室应尽量从源头上减少危险废弃物的产生，对不可避免的危险废弃物，应根据废弃物的性质，分别收集，存放在安全地方，条件允许的情况下最好能够购置实验室废弃物暂存柜来存放废弃试剂（如图5.3所示），然后定期集中处置。固体危险废弃物不能与普通垃圾一起处置，液体危险废弃物不可排入下水道。

图5.3　云南大学实验室废弃物暂存柜

危险废物的最终安全处置，必须遵循以下原则。

(1) 区别对待、分类处置、严格管制危险废物和放射性废物

根据不同废物的危害程度与特性，区别对待，分类管理。对具有特别严重危害性质的危险废物，处置上应比一般废物更为严格并实行特殊控制。这样，既能有效地控制主要危害，又能降低处置费用。

(2) 集中处置原则

我国《固体废物污染环境防治法》把推行危险废物的集中处置作为防治危险废物污染的重要措施和原则。对危险废物实行集中处置，不仅可以节约人力、物力、财力，有利于监督管理，也是有效控制乃至消除危险废物污染危害的重要形式和主要的技术手段。

(3) 无害化处置原则

危险废物最终处置的基本原则，是合理地、最大限度地将危害废物与生物圈相隔离，减少有毒有害物质释放进入环境的速度和总量，将其在长期处置过程中对人类和环境的影响减至最低程度。

案例：某研究所将废液长期放置，且废液桶内各种废弃物混杂，结果在一次倾倒废液时发生燃烧，用了4个灭火器才将火熄灭。本次事故中废液未能分类处置，所有废弃物均在一个废液桶中收集，是非常危险和错误的；此外，废液桶放置时间过长，不定期处理废液也存在较大安全隐患。

5.2.2 实验室危险废弃物处理注意事项

5.2.2.1 实验室危险废弃物收集贮存的注意事项

为了保证危险废弃物能安全、妥善地进行处理，必须高度重视危险废弃物的收集贮存，以下是收集贮存危险废弃物时需要做到的注意事项。

① 下面所列的废液不能互相混合。

a. 过氧化物与有机物；

b. 氰化物、硫化物、次氯酸盐与酸；

c. 盐酸、氢氟酸等挥发性酸与不挥发性酸；

d. 浓硫酸、磺酸、羟基酸、聚磷酸等酸类与其他的酸；

e. 铵盐、挥发性胺与碱。

② 要选择没有破损及不会被废液腐蚀的容器进行收集。将所收集的废液的成分及含量用明显的标签贴在容器上，并置于安全的地点保存，保存地点也要有废液存放标志。特别是毒性大的废液，更要十分注意。

③ 对硫醇、胺等会发出臭味的废液和会产生氰和磷化氢等有毒气体的废液，以及易燃性大的二硫化碳、乙醚之类废液，要加以适当的前处理，防止泄漏，并应尽快进行处理。

④ 含有过氧化物、硝酸甘油之类爆炸性物质的废液，要谨慎地操作，并应尽快处理。

⑤ 含有放射性物质的废弃物，用另外的方法收集，并必须严格按照有关的规定，严防泄漏，必须谨慎地进行处理。

案例：某高校学生在做完实验后，将剩在烧杯中的少量浓硫酸（约5毫升）直接倾倒入废液桶中，结果浓硫酸遇水激烈放热，致使废液桶中瞬间产生大量白色蒸气喷出，蒸气正好喷到该学生的脸上和眼睛里，幸好实验指导教师及时处置，用大量清水清洗学生眼睛和脸部，并及时去医院治疗，才避免了学生伤情的恶化。本次事故中学生直接倾倒浓硫酸是违规的，废液桶中有水，与硫酸混合会产热，废液桶中也有大量有机试剂，有爆燃的危险，浓硫酸应该稀释后再缓慢倒入废液桶。

5.2.2.2 实验室危险废弃物处理的注意事项

① 因为废液的组成不同，在处理过程中，往往伴随产生有毒气体以及发热、爆炸等。因此，处理前必须充分了解废液的性质，然后分别加入少量所需添加的药品。同时，必须一边注意观察一边进行操作。

② 含有络离子、螯合物之类物质的废液，只加入一种消除药品有时不能把它处理完全。因此，要采取适当的措施，注意防止一部分还未处理的有害物质直接排放出去。

③ 对于为了分解氰基而加入次氯酸钠，以致产生游离氯，以及由于用硫化物沉淀法处理废液而生成水溶性的硫化物等情况，其处理后的废水往往有害。因此，必须把它们加以再处理。

④ 沾附有害物质的滤纸、包药纸、棉纸、废活性炭及塑料容器等东西，不要丢入垃圾箱内。要分类收集，加以焚烧或其他适当的处理，然后保管好残渣。

⑤ 处理废液时，为了节约处理所用的药品，可将废铬酸混合液用于分解有机物，以及将废酸、废碱互相中和。要积极考虑废液的再利用。

⑥ 尽量利用无害或易于处理的代用品，代替铬酸混合液之类会排出有害废液的药品。

⑦ 对甲醇、乙醇、丙酮及苯之类用量较大的溶剂，原则上要回收利用，进而将其残渣加以处理。

5.2.3 实验室危险废弃物处置方法

为防止实验室危险废弃物对环境造成污染，必须在排放前选择合适的方法进行处置，废弃物排放应符合国家有关环境排放标准。

5.2.3.1 废液的处理

实验室产生的废液包括一般洗涤废水和化学实验废液，对一般洗涤废水，采取循环用水系统，使废水在一定的实验过程中多次重复利用，既可节约用水，又能把废水排放量控制在最少的程度。对化学实验废液，需要进一步处理，达标后才能排放。

实验室废液的净化方法一般可分为物理法、化学法、物理化学法、生物化学法四类。物理法有：沉降、过滤、离心分离、蒸发结晶（浓缩）、萃取、吹脱等。化学法有：沉淀、中和、氧化还原、电解、离子交换等。物理化学法有：絮凝沉淀、吸附、浮选、反渗透、电渗析、超过滤及超吸附等。生物化学法有：活性污泥法、生物膜法、生物氧化塘等。

在实际废液处理中，往往要通过实验、比较，确定出有效、经济合理的处理方法，对于成分复杂、数量较多的实验室废水，常联合运用几种方法进行系统处理，最终达到排放标准。

下面介绍几种实验室废液处理的常用方法。

① 硫化物沉淀法　此沉淀法主要针对组成成分中含有汞、铅、镉等重金属较多的无机废弃液，具体方法一般是采用 Na_2S 或者 NaHS 把废弃液中的此类重金属转化为难溶于水的金属硫化物，随后与 $Fe(OH)_3$ 共同沉淀而使其得以分离。或者可以先将废弃液的 pH 值调平至 8.0～10.0，然后向废弃液中逐步加入硫化钠至过量，直到生成硫化物的沉淀，此时再加入 $FeSO_4$ 作为共同沉淀剂，促使其生成 FeS 以吸附废弃液中的悬浮硫化汞、硫化镉、硫化铅和微粒进而共沉淀，通过静置、过滤达到分离的目的。

② 絮凝沉淀法　此方法主要适用于含有重金属离子比较多的无机废弃液。在初步确定了废弃液的性质，并探究了各种离子的沉降特性以后，通过选择合适的絮凝剂（如石灰、铁盐或铝盐等），让其在弱碱条件下形成含有 $Fe(OH)_3$ 和 $Al(OH)_3$ 成分的絮凝状沉淀，此絮凝沉淀物具有一定的吸附作用，既可以去除废弃液中的重金属离子，还可以一并除去废弃液中的部分其他有机污染物，达到降低废弃液中化学需氧量（COD）的目的。

③ 氧化还原中和沉淀法　此方法通常适用于处理含有六价铬（Cr^{6+}）或是具有还原性的有毒的物质，如氰根离子（CN^-）等，还有一些含有金属元素的有机化合物。常见的工艺过程可概括为：先让废弃液经历一系列的氧化还原反应，从而将高毒性的污染物转化为低毒性的污染物质，随后，再经过絮凝和沉淀将已转化得到的低毒性污染物质从当前的反应体系中分离出去；而对于含有六价铬的废弃液，则需要首先把六价铬由氧化还原反应还原成为三价铬（Cr^{3+}），再用合适的沉淀剂使其沉淀，达到分离的目的，或者可以将其与其他种类的重金属废弃液一并处理。在上述反应中所用的还原剂通常是铁粉、二氧化硫、亚铁盐或者亚硫酸氢盐等，同时需要在 pH 值低于 3.0 的条件下进行，再通过中和沉淀作用，将铬元素转化成为难溶于水的盐除去；当溶液中含有氰根离子的时候，则一般需要首先在碱性的条件下使用氧化剂，将其氧化成为 N_2 和 CO_2，通常的方法有氯碱法、普鲁士蓝法（即以生成铁氰化合物的方法使其发生沉淀）、臭氧氧化法、电解氧化法及铁屑内电解法等。

④ 活性炭吸附法　此方法通常用在去除生物法或物理法、化学法都不能去除的微量并

且呈溶解状态的一类有机物。实验室里的有机废弃液通常都含有大量的实验残液和废弃溶剂，它的主要成分是烷烃类、芳香类或表面活性剂，而且废弃液的浓度很高，非常适合用活性炭进行吸附处理。处理的工艺流程通常为首先经过一系列简单的分离手段把废弃液里的有机相分离出来，然后再经过活性炭的二级吸附，有效去除废液中的COD，与此同时活性炭还可以一并吸附一部分的无机重金属离子。

⑤ 铁氧体沉淀法　此方法主要适用于含有多种重金属离子的无机废弃液。铁氧体指的是一类复合的金属氧化物，它的化学通式为 M_2FeO_4 或者是 $MOFe_2O_3$（其中 M 代表的是其他金属），一般呈现尖晶石状的立方结晶构造。铁氧体的形成最佳条件一般是要提供给其足量的 Fe^{2+} 和 Fe^{3+}，其 Fe^{2+} ∶ Fe^{3+} ＝1∶2（摩尔比），此时最理想的 pH 值条件为 8.0～9.0；而铁氧体特有的包裹和夹带作用，则可以使重金属离子在进入铁氧体的晶格后形成复合的铁氧体。复合的铁氧体一般会具备很强的稳定性，只要在一般的酸碱条件下，就能一次性脱除废弃液中的各种金属离子，如对 Cr^{3+}、Fe^{3+}、Pb^{2+}、As^{3+}、Zn^{2+}、Hg^{2+}、Cd^{2+}、Mn^{2+}、Cu^{2+} 等都有不错的脱除效果，使那些包含在废弃液中的有害的重金属都不会浸出。

⑥ 焚烧法　因为有机物一般会具有非常好的可燃性质，因此对于这些有机溶剂、有机残液或废料液等通常采取焚烧法来进行处理。采用焚烧法处理有机废弃液指的就是在高温的条件下对有机物进行氧化分解，促使其生成水、CO_2 等对环境无害的产物，然后将这些产物排入大气中，此时COD的去除率通常可以达到99%及以上。值得一提的是，用焚烧法来处理有机废弃液是在高温的条件下利用空气对废弃液中的有机物进行深度氧化处理的一种有效手段，也是最容易实现工业化的方法之一。通常化工行业排放的有机废弃液都采用焚烧法来进行最终的处置，尤其是对一些浓度高且组分复杂，或者污染物没有回收利用的价值且热值比较高的废弃液，可以考虑直接来采用焚烧法进行处理。对于那些难以燃烧的污染物质，就可以将其与可燃性高的物质混合后再燃烧。但是在此操作过程中就要特别注意，防止燃烧不完全产生新的毒性物质或燃烧产生的毒气逸出，从而造成对环境的二次污染，而燃烧是否完全，要视燃烧的温度、燃烧时区域的停留时间和物质的混合状况来决定。

⑦ 溶剂萃取法　溶剂萃取法指的是利用化合物的溶解度或分配系数在两种互不相溶的溶剂中的不同，使化合物可以从一种溶剂中被转移到另外一种溶剂中，这样经过反复多次的萃取，就可以将该化合物萃取出来；一般来说，有机溶剂的亲水性愈大，其与水做两相萃取的效果就愈不好，这是因为其能使比较多的亲水性的杂质随之而出，这样对有效成分的进一步精制有很大的影响。对于那些低浓度有机物的水溶液废弃液，可采用与其互不相容的具有挥发性质的溶剂来进行萃取和分离，然后再焚烧。

⑧ 生物化学处理法　通常适用于对高浓度的有机废弃液的初步处理，一般是让微生物利用污染物质作为营养物质进行生长，使废弃液中呈现溶解或胶体状态的有机污染物质转化成为无害的污染物质，从而使废液得到净化。生物化学处理法可以分为需氧的生物处理法和厌氧的生物处理法两种。其中需氧的生物处理法指的是在采用好氧微生物分解废弃液中的有机污染物质，对废弃液进行无害化的处理的方法；而厌氧的生物处理方法则是利用厌氧的微生物的生物作用来降解废弃液中的有机污染物质，达到废弃液净化目的的方法。对于形成了乳浊液酯类的废弃液不能用生物化学处理方法处理，而是要用焚烧法来处理。

一般来说，化学实验室产生的危险废液主要包括无机废酸废碱液、有机废溶剂、含氰废液、含重金属废液、含汞废液、含铬废液和含砷废液等，针对不同的废液有不同的处理方法。

① 无机废酸废碱　可以采取酸碱中和的方法将废酸与废碱中和至 pH 呈中性，既达到处理的目的，也节约成本。

② 有机废溶剂　有机实验室对有机溶剂的用量一般都较大，实验室废液也以有机溶剂为主，对于含有较多醇类、有机酸、酯类、酮和醚等有机溶剂的废液应该尽量回收再利用，比如使用蒸馏、分馏等回收方法加以回收利用。对于高浓度的有机废弃液的处理方法主要有焚烧法、氧化分解法、生物化学处理法及溶剂萃取法等。

③ 含氰废液　含氰废液的处理主要是消除其毒性，常用氯气氧化、过氧化氢氧化或铁盐沉淀法进行处理。

④ 含重金属废液　含重金属废液可以加入碱或硫化钠，使之沉淀，过滤分离，并收集残渣统一处理。

⑤ 含汞废液　金属汞易挥发，不小心洒落应尽快收集，可以用硫黄粉覆盖并使之与汞充分接触转化为不挥发的硫化汞。含汞盐废液可在 pH 8.0～10.0 的条件下，加适当过量的硫化钠生成硫化汞沉淀，静置、离心、过滤，收集沉淀，统一处理。

⑥ 含铬废液　废的铬酸洗液可用高锰酸钾氧化后重复使用。低浓度的含铬废液可加入铁屑还原成三价铬，再加碱生成低毒的氢氧化铬并集中处理。

⑦ 含砷废液　含砷废液可加入氧化钙，调节 pH 为 8.0 左右，使之生成砷酸钙、亚砷酸钙而形成沉淀。

5.2.3.2　废气的处理

由于实验室的废气具有量少且多变的特点，对于废气的处理就应满足两点要求：第一个要求是要控制实验的环境里的有害气体不得超过现行规定的空气中的有害物质的最高容许的浓度；第二个要求是要控制排出的气体不得超过居民区大气中有害物质的最高容许浓度。因此，实验室必须有通风、排毒的装置，通过这些精确设计和改造实验的装置，使有毒害的气体在实验操作过程中被收集、消除、转化或回收。废气净化的方法很多，有吸收法、固体吸附法、回流法、燃烧法、颗粒物的捕集等。实际应用中要根据废气的性质，选择适当的净化方法。

下面介绍几种实验室废气处理的常用方法。

① 吸收法　指的是采用合适的液体作为吸收剂来处理废气，达到除去其中有毒害气体的目的的方法。一般分为物理吸收和化学吸收两种。比较常见的吸收溶液有水、酸性溶液、碱性溶液、有机溶剂和氧化剂溶液。它们可以用于净化含有 SO_2、Cl_2、NO_x、H_2S、SiF_4、HF、NH_3、HCl、酸雾、汞蒸气、各种有机蒸气以及沥青烟等废气。这些溶液在吸收完废气后又可以用于配制某些定性化学试剂的母液。

② 固体吸附法　指的是先让废气与特定的固体吸收剂充分接触，通过固体吸收剂表面的吸附作用，使废气中含有的污染物质（或吸收质）被吸附从而达到分离的目的，此法一般适用于对废气中含有的低浓度污染物质的净化。例如，若要吸收几乎所有常见的有机及无机气体，可以选择将适量活性炭或者新制取的木炭粉放入有残留废气的容器中；若要选择性吸收 H_2S、SO_2 及汞蒸气，就要用硅藻土；若要选择性吸收 NO_x、CS_2、H_2S、NH_3、C_mH_n、CCl_4 等，就要用到分子筛。

③ 回流法　指的是对于易液化的气体，可以通过特定的装置使挥发的废气，在通过装置时可以在空气的冷却下，液化为液体，再沿着长玻璃管的内壁回流到特定的反应装置中。如在制取溴苯时，可以在装置上连接一根足够长的玻璃管，使产生的溴化氢

气体液化。

④ 燃烧法　指的是通过燃烧的方法来去除有毒害气体。这是一种有效的处理有机气体的方法，尤其适合处理排量大而浓度比较低的苯类、酮类、醛类、醇类等各种有机的废气。如对于CO尾气的处理，还有对H_2S的处理等，一般都会采用此法。

⑤ 颗粒物的捕集　指的是空气中去除或捕集那些以固态或液态的形式存在于空气中的颗粒污染物，这个过程一般称为除尘。除尘的工艺过程是先将含有微尘的气体引进具有一种或几种不同作用力的除尘器中，从而使颗粒物相对于运载气流可以产生一定的位移，就可以达到从气流中分离出来的目的，然后颗粒物沉降到捕集器表面上被捕集。根据颗粒物的分离原理，除尘装置一般可以分为过滤式除尘器、机械式除尘器、湿式除尘器。此外，实验室在空气的净化方面也应该有所要求，主要表现在通风。因为实验室内的空气污染物质的浓度一般要比室外同种物质的浓度高得多，通过合理的改善，可以使实验室的通风设备达到更高工作效率，就能极大地降低实验室的空气污染物质的浓度。而采用局部通风还是全面通风，以及每次通风量的大小和通风形式，除了要依据实验室的污染物发生源大小、污染物种类以及其排量的大小来决定，还可以通过渗漏、强制机械通风、自然通风等来调控完成。

5.2.3.3　固体废弃物的处理

实验室的固体废弃物处理技术涉及物理学、生物学、化学、机械工程等许多学科，依据原理的不同，主要处理技术可以分成如下几方面。

① 对固体废弃物的预处理　由于固体废弃物难处理的特点，在对其进行进一步的综合利用和最终的处理之前，通常都需要先对其实行预处理。固体废弃物的预处理一般包括固体废弃物的筛分、破碎、压缩、粉磨等程序。

② 物理法处理固体废弃物　指的是通过利用固体废弃物及其物理化学性质，用合适的方法从其中分选或者分离出有用和有害的固体物质。常用的分选方法有：重力分选、电力分选、磁力分选、弹道分选、光电分选、浮选和摩擦分选等。

③ 化学法处理固体废弃物　指的是通过让固体废弃物发生一系列的化学变化，进而可以转换成能够回收的有用物质或能源。常见的化学处理方法包括煅烧、焙烧、烧结、热分解、溶剂浸出、电力辐射、焚烧等。

④ 生物法处理固体废弃物　指的是利用微生物的作用来处理固体废弃物。此方法的基本原理是利用微生物本身的生物-化学作用，使复杂的有机物分解成为简单的物质，使有毒的物质转化成为无毒的物质。常见的生物处理法有沼气发酵和堆肥。

⑤ 固体废弃物的最终处理　指的是对于没有任何利用价值的有毒害固体废弃物，需要进行最终处理。常见的最终处理的方法有焚化法和掩埋法。但是，固体废弃物在掩埋之前需要进行无害化的处理，而且要深埋在远离人类聚居的指定地点，并要对掩埋地点做好记录。

需要特别注意，遇水会剧烈反应的废弃物，如锂、钠、氢化钠、氨基钠、氢化钙、正丁基锂及硼烷等遇水会发生剧烈反应，这些废弃物如果处理不当，会引起火灾事故。绝对不能将它们随便扔进垃圾桶或者倒入水池下水道（即便是有极少量的钠屑的滤纸也不能扔到垃圾桶中），要用适当方法先进行无害化处理，才能放入废液桶。并且一旦用完要及时处理，不可久置，因为一旦久置后由其他人来处理，他人在不知道试剂类型的情况下，极易产生危险。

案例： 某高校学生在做完实验后，将粘有少量金属钠的纸屑直接扔入水槽，结果金属钠遇水放出氢气，剧烈燃烧，引燃纸屑，火苗直窜到天花板上，把天花板都烧黑了，当时学生也受到了很大的惊吓。幸好水槽旁边没有摆放其他易燃化学试剂，才没有引起进一步的恶性事故。本次事件中，操作学生违规将粘有少量金属钠的纸屑直接扔弃，未做无害化处理，导致事故发生。

此外，凡是有毒性、腐蚀性、强氧化性、强还原性、自燃性、恶臭的物质及其溶液，以及易爆、易燃物质均为危险品，这些物质都不能丢弃在垃圾桶或倒入水槽中。不稳定的化学品和不溶于水或与水不相混溶的溶液也禁止倒入下水道。这些危险品一旦成为实验后的废物，必须及时妥善处理和销毁，以免造成事故。实验室中一些易燃易爆、强腐蚀性的常见危险废物的处置方法见表 5.1。

表 5.1　实验室常见危险废物的处置方法

危险废物种类	处置方法
碱金属氢化物、氨化物和钠屑（NaH、$NaNH_2$、CaH_2）	将其悬浮在干燥的四氢呋喃中，搅拌下慢慢加乙醇或异丙醇至不再放出氢气、澄清为止，再慢慢倒入落地通风柜内相应的废液桶。沾附在瓶内壁上的少量 NaH 等可用无水乙醇或异丙醇荡洗干净后才算解除危险
硼氢化钠（钾）	用甲醇溶解后，以水充分稀释，再加酸并放置。此时有剧毒易自燃易灼伤皮肤的硼烷产生，故所有操作必须在通风橱内进行，其废液用碱中和后倒入落地通风柜内相应的废液桶
酰氯、酸酐、三氯氧磷、五氯化磷、氯化亚砜、硫酰氯、五氧化二磷	在搅拌下加到大量冰水中（不能加反），再用碱中和，倒入落地通风柜内相应的废液桶
催化剂（Ni、Cu、Fe、Pd/C、贵金属等）或沾有这些催化剂的滤纸、塞内塑料垫等	这些催化剂干燥时常易燃，和空气或有机物的气体摩擦也容易燃烧，抽滤时也不能完全抽干，用橡皮管吸取高压釜内有雷尼镍（Raney Ni）的反应液时，注意不能抽空，以免吸附在管内壁上的 Raney Ni 和空气摩擦引起燃烧。用过的催化剂绝不能丢入垃圾桶中，应密封在容器中，用水或有机溶剂盖住，贴好标签统一处理回收
氯气、液溴、二氧化硫	用 NaOH 溶液吸收，中和后倒入落地通风柜内相应的废液桶
氯磺酸、浓硫酸、浓盐酸、发烟硫酸	在搅拌下，滴加到大量冰或冰水中，用碱中和后倒入落地通风柜内相应的废液桶
硫酸二甲酯	在搅拌下，滴加到稀 NaOH 或氨水中，中和后倒入落地通风柜内相应的废液桶
硫化氢、硫醇、硫酚、HCl、HBr、HCN、PH_3、硫化物或氰化物溶液	用 NaClO 氧化。1mol 硫醇约需 2L NaClO 溶液；1mol 氰化物约需 0.4L NaClO 溶液，用亚硝酸盐试纸试验，证实 NaClO 已过量时（$pH>7$），处理后倒入落地通风柜内相应的废液桶
重金属及其盐类	使形成难溶的沉淀（如碳酸盐，氢氧化物、硫化物等），封装后深埋
氢化铝锂	将它悬浮在干燥的四氢呋喃中，小心滴加乙酸乙酯，如反应剧烈，应适当冷却，再加水至氢气不再释放为止，废液用稀 HCl 中和后倒入落地通风柜内相应的废液桶
汞	尽量收集泼散的汞粒，并将废汞回收，对废汞盐溶液，可制成 HgS 沉淀，过滤后，集中深埋
有机锂化物（*n*-BuLi，*s*-BuLi，*t*-BuLi，MeLi）	溶于四氢呋喃中，慢慢加入乙醇至不再有氢气放出，然后加水稀释，最后加稀 HCl 至溶液变清，倒入落地通风柜内相应的废液桶
过氧化物溶液和过氧酸溶液，光气（或在有机溶剂中的溶液，卤代烃溶剂除外）	在酸性水溶液中，用 Fe（Ⅱ）盐或二硫化物将其还原，中和后倒入落地通风柜内相应的废液桶

危险废物种类	处置方法
钾	一小粒一小粒地加到干燥的叔丁醇中，再小心加入无甲醇的乙醇，搅拌，促使其全溶，用稀酸中和后倒入落地通风柜内相应的废液桶
钠	小块分次加入到无水乙醇或异丙醇中，待其溶解至澄清，用稀 HCl 中和后倒入落地通风柜内相应的废液桶
叠氮钠	有剧毒，废液可用次氯酸盐溶液处理

需要注意的是，很多学生缺乏对危险废弃物的了解，没有处理危险废弃物的实际经验，容易酿成事故。因此，学生在实验室中遇到危险废物需要处置时，应当及时报告老师或实验室管理员，在老师或实验室安全管理员指导下小心谨慎地处理，切不可随意处置，以免产生危险，甚至酿成安全事故。

5.3 练　习

5.3.1 判断题

（1）危险废物是指列入国家危险废物名录或者根据国家规定的危险废物鉴别标准和鉴别方法认定的具有危险特性的废物，具有毒性、腐蚀性、易燃性、爆炸性、反应性或感染性等特性。（　　）

（2）危险废物可通过摄入、吸入、皮肤吸收、眼接触而引起毒害，还会带来因重复接触导致的长期中毒、致癌、致畸、致突变等长期危害。（　　）

（3）实验室产生的废液如果危险性和毒害性不是很大，可以排放到远离居民住宅区并且旷野的地方。（　　）

（4）废液随意排放必然污染地下水、地表水，导致水生动物遭殃，沿途流域居民生活以及人们的生命健康也必定会受到严重影响。（　　）

（5）过期失效的化学药品没有太大的毒性和危险性，可以和生活垃圾一起被处理。（　　）

（6）实验室危险废弃物的危害主要是对人体健康的危害，对环境的危害不大，因为自然界存在大量微生物，可以快速地分解代谢这些废弃物。（　　）

（7）根据不同废物的危害程度与特性，区别对待，分类管理。对危害性极大的危险废物，处置上应比一般废物更为严格并实行特殊控制。（　　）

（8）收集实验室危险废弃物时，应该把浓硫酸、磺酸、羟基酸、聚磷酸等酸类与其他的酸混合收集，然后再集中处理。（　　）

（9）有毒化学品可以通过皮肤吸收、消化道吸收及呼吸道吸收等三种方式对人体健康产生危害。（　　）

（10）对硫醇、胺等会发出臭味的废液和会产生氰和磷化氢等有毒气体的废液，以及易燃性大的二硫化碳、乙醚之类的废液，要加以适当的前处理，防止泄漏，尽快处理。（　　）

（11）分解氰基时加入次氯酸钠进行处理，会产生游离氯，用硫化物沉淀法处理废液会生成水溶性的硫化物，但这类处理方式产生的废水已经基本无害，可以排放。（　　）

(12) 处理废液时，为了节约处理所用的药品，可将废铬酸混合液用于分解有机物，将废酸和废碱互相中和。(　　)

(13) 铵盐和挥发性胺应该与碱混合进行集中处理。(　　)

(14) 收集好的废液应该贴好标签放安全地方储存，保存地点也要有废液存放标志。(　　)

(15) 实验室产生的废液包括一般洗涤废水和化学实验废液，一般洗涤废水不能进行多次重复利用，重复利用存在安全隐患。(　　)

(16) 硫化物沉淀法一般是采用 Na_2S 或者 NaHS 把废弃液中的一些重金属转化为难以溶于水的金属硫化物，随后与 $Fe(OH)_3$ 共同沉淀而使其得以分离。(　　)

(17) 活性炭吸附法通常用在去除生物法或物理法、化学法都不能去除的微量并且呈溶解状态的一类有机物。(　　)

(18) 实验室废液的净化方法一般可分为物理法、化学法、物理化学法、生物化学法四类，一般只能独立使用一种方法，不能联合使用，否则成本太高，效果也不好。(　　)

(19) 危险性小且毒性小的废液保存地点不需要设立废液存放标志。(　　)

(20) 实验室里的有机废弃液通常都含有大量的实验残液和废弃溶剂，它的主要成分是烷烃类、芳香类或表面活性剂，而且废弃液的浓度很高，非常适合用絮凝沉淀法进行处理。(　　)

(21) 铁氧体沉淀法主要适用于含有多种重金属离子的无机废弃液，复合的铁氧体在一般的酸碱条件下，就能脱除废弃液中的各种金属离子，比如对 Cr^{3+}、Fe^{3+}、Pb^{2+}、As^{3+}、Zn^{2+}、Hg^{2+}、Cd^{2+}、Mn^{2+}、Cu^{2+} 等都有不错的脱除效果。(　　)

(22) 有机物一般会具有非常好的可燃性质，因此对于这些有机溶剂、有机残液或废料液等通常采取焚烧法来进行处理。(　　)

(23) 乳浊液酯类的废弃液不能用焚烧法处理，而是要用生物化学处理方法来处理。(　　)

(24) 生物化学处理法常适用于对高浓度的有机废弃液的初步处理，一般是让微生物利用污染物质作为营养物质进行生长，使废弃液中呈现溶解或胶体状态的有机污染物质转化成为无害的污染物质，从而使废液得到净化。(　　)

(25) 吸收法是废气处理的方法之一，处理时常见的吸收溶液有水、酸性溶液、碱性溶液和氧化剂溶液，有机溶液不能用作吸收剂，否则会增加污染物处理量。(　　)

(26) 吸收法可用来处理含有 SO_2、Cl_2、NO_x、H_2S、NH_3、各种有机蒸气以及沥青烟等废气。(　　)

(27) 固体废弃物常见的最终处理的方法有焚化法和掩埋法。(　　)

(28) 固体废弃物只要深埋在远离人类聚居的指定地点，掩埋之前就不需要进行无害化处理，但必须对掩埋地点做记录。(　　)

(29) 金属钠不可随意扔进垃圾桶或者倒入水池下水道，沾有钠屑的滤纸也不能扔到垃圾桶中。(　　)

(30) 叠氮钠有剧毒，其废液可用次氯酸盐溶液处理。(　　)

5.3.2 单选题

(1) 危险化学品的毒害包括______。

A. 皮肤腐蚀性和刺激性

B. 急性中毒致死，器官或呼吸系统损伤，生殖细胞突变性，致癌性

C. 水环境危害性，放射性危害

D. 以上都是

（2）含______的废弃物会危害人体健康，引起水俣病。

A. 汞　　B. 镉　　C. 铅　　D. 砷

（3）含______的废弃物会危害人体健康，在日本曾引发痛痛病。

A. 钡　　B. 镉　　C. 铅　　D. 锰

（4）危险废物的最终安全处置，必须遵循______的原则。

A. 区别对待、分类处置、严格管制危险废物和放射性废物

B. 集中处置原则

C. 无害化处置原则

D. 以上三个都是

（5）含有______的废液不能与有机物混合。

A. 酸　　B. 碱　　C. 过氧化物　　D. 氰化物

（6）含有______的废液不能与碱混合。

A. 铵盐、挥发性胺　　B. 羟基酸　　C. 次氯酸盐　　D. 酸

（7）实验室废液的净化方法一般可分为物理法、化学法、物理化学法、生物化学法四类，下列属于物理法的是______。

A. 离心分离　　B. 离子交换　　C. 生物膜法　　D. 反渗透

（8）下列物质可以作为絮凝沉淀法的絮凝剂的是______。

A. 石灰　　B. 铁盐　　C. 铝盐　　D. 以上三个都可以

（9）采用氧化还原中和沉淀法处理含有六价铬的废弃液时，需先将六价铬由氧化还原反应还原成为三价铬，pH 值必须控制在______。

A. $pH<3$　　B. $pH<7$　　C. $pH>7$　　D. $pH>10$

（10）絮凝沉淀法通过选择合适的絮凝剂，让其在______条件下形成含有 $Fe(OH)_3$ 和 $Al(OH)_3$ 成分的絮凝状沉淀，此絮凝沉淀物既可以去除废弃液中的重金属离子，还可以除去废弃液中的部分其他有机污染物。

A. 中性　　B. 弱酸性　　C. 弱碱性　　D. 强碱性

（11）氧化还原中和沉淀法处理含有氰根离子的废液时，一般要先在______条件下使用氧化剂，将其氧化成为 N_2 和 CO_2，通常的方法有氯碱法、普鲁士蓝法、臭氧氧化法、电解氧化法及铁屑内电解法等。

A. 酸性　　B. 碱性　　C. 中性　　D. 没有要求

（12）焚烧法处理有机废弃液指的就是在高温的条件下对有机物进行氧化分解，促使其生成水、CO_2 等对环境无害的产物，然后将这些产物排入大气中，此时 COD 的去除率通常可以达到______及以上。

A. 50%　　B. 70%　　C. 80%　　D. 99%

（13）固体吸附法是采用特定的固体吸收剂吸附污染物质达到分离的目的，要选择性吸收 H_2S、SO_2 及汞蒸气等废气，最好使用______作为固体吸收剂。

A. 活性炭　　B. 硅藻土　　C. 分子筛　　D. 以上都可以

（14）采用固体吸附法除去废气时，要选择性吸收 NO_x、CS_2、H_2S、NH_3 等气体，最好使用______作为固体吸收剂。

A. 活性炭　　　　B. 硅藻土　　　　C. 分子筛　　　　D. 以上都可以

(15) 氯气、液溴、二氧化硫等废气，可用______溶液吸收，中和后倒入落地通风柜内相应的废液桶。

A. HCl　　　　B. NaOH　　　　C. 水　　　　D. 四氢呋喃

(16) 处理含有硫化氢、硫醇、硫酚等的废液时，可用______氧化处理后，倒入落地通风柜内相应的废液桶。

A. NaClO　　　　B. NaOH　　　　C. H_2SO_4　　　　C. 重铬酸钾

(17) 硫化物沉淀法主要是针对组成成分中含有______较多的废弃液。

A. 芳香类有机物　　B. 汞、铅、镉等重金属　C. 氰根离子　D. 六价铬离子

(18) 絮凝沉淀法主要适用于含有______比较多的无机废弃液。

A. 硫酸根离子　　B. 氰根离子　　C. 六价铬离子　　D. 重金属离子

(19) 废的铬酸洗液可用高锰酸钾氧化后进行重复使用，而低浓度的含铬废液可加入______还原成三价铬，再加碱生成低毒的氢氧化铬并集中处理。

A. 氯气　　　　B. $FeCl_3$　　　　C. 铁屑　　　　D. 过氧化氢

(20) 处理含有硫酸二甲酯的废弃物时，要在搅拌下，滴加到______中，中和后倒入落地通风柜内相应的废液桶内。

A. 稀盐酸　　　B. 稀 NaOH 或氨水 C. $BaCl_2$ 溶液　　D. 饱和 NaCl 溶液

5.3.3 多选题

(1) 对人的眼和呼吸道黏膜有刺激作用的有毒气体包括______。

A. 氯气　　　　B. 氨气　　　　C. 二氧化硫　　　　D. 一氧化碳

(2) 能造成人体缺氧的窒息性气体，引起各种疾病，而且会引发火灾等危险事故的气体包括______。

A. 氯气　　　　B. 硫化氢　　　　C. 甲烷　　　　D. 一氧化碳

(3) 实验室危险废弃物处置时需注意______。

A. 应尽量从源头上减少危险废弃物的产生

B. 应根据废弃物的性质，分别收集，存放在安全地方

C. 定期集中处置

D. 少量废弃物可以与普通垃圾一起处置，液体危险废弃物不可排入下水道

(4) 收集贮存危险废弃物时需要做到的注意事项是______。

A. 需注意有些废液不能混合

B. 使用无破损且不会被废液腐蚀的容器进行收集

C. 对会产生臭味、氰和磷化氢等有毒气体的废液，以及易燃性大的废液，要作前处理，防止泄漏，并尽快处理

D. 含有放射性物质的废弃物，用另外的方法收集，必须严格按照有关规定，严防泄漏，谨慎地进行处理

(5) 含有______的废液不可以和酸混合。

A. 氰化物　　　　B. 硫化物　　　　C. 次氯酸盐　　　　D. 重金属

(6) 下列属于易爆炸废弃物的是______。

A. 过氧化物　　　　B. 硝酸甘油　　　　C. 次氯酸盐　　　　D. 氢氟酸

（7）下列实验室废液的净化方法属于生物化学法的是______。

A. 污泥法　　B. 生物膜法　　C. 活性生物氧化塘　　D. 超过滤及超吸附

（8）硫化物沉淀法主要是针对组成成分中含有______较多的无机废弃液。

A. 钠　　B. 汞　　C. 铅　　D. 镉

（9）焚烧法处理有机废弃液时需考虑的因素有______。

A. 防止燃烧不完全产生新的毒性物质或燃烧产生的毒气逸出

B. 注意燃烧是否完全

C. 注意燃烧的温度、燃烧时区域的停留时间和物质的混合状况

D. 避免造成对环境的二次污染

（10）对于高浓度的有机废弃液的处理方法主要有______。

A. 焚烧法　　B. 氧化分解法　　C. 生物化学处理法　　D. 溶剂萃取法

6 实验伤害事故的应急处理方法

化学实验经常要接触各种化学试剂，这些化学试剂绝大多数是易燃、易爆及有毒、有腐蚀性的物质，稍有不慎就可能酿成事故。在一些设计性实验的探索过程中还可能会发生一些难以完全准确预测的风险，加上操作化学实验的人员，特别是新进入实验室的学生，技能水平参差不齐，实验操作中可能会出现错误。此外，化学实验室玻璃仪器非常多，一旦发生事故，极可能造成操作人员人身伤害。因此，高校化学老师和实验人员，或者化学相关从业人员应该掌握一定的急救知识和救援方法。在实验过程中如果不幸发生人身事故，实验室工作人员必须在第一时间进行紧急处理，以免造成事故恶化，减少师生人身伤害。本章将着重介绍各类化学实验伤害事故的应急处理方法，实验人员一旦在实验过程中遇到紧急情况，可通过学习本章的相关内容，掌握解决方法。

6.1 实验室常见伤害事故类型和应急处理方法

化学实验及化学危险品理化性质，决定了化学实验室各类伤害事故具有发生突然，防救困难，且容易污染环境，不易消除等特点。实验室常见伤害事故类型主要有化学中毒事故、各种化学实验引起的外伤事故和触电事故等。实验室一旦发生伤害事故，实验工作人员应根据现场情况进行应急处理，防止事态扩大，减少人员伤亡。严重时应立即拨打119和120等电话，并在救援人员到达前，进行必要的急救。

6.1.1 中毒事故和应急处理

毒性一般是指外源化学物质与生命机体接触或进入生物活体体内的易感部位后，能引起直接或间接损害作用的相对能力。化学品毒性常用“半致死量LD50”（即在动物急性毒性实验中，使受试动物半数死亡的毒物浓度）表示。根据GBZ 230—2010《职业性接触毒物危害程度分级》，将我国常见的56种毒物的危害程度分为四级即轻度危害（Ⅳ级）、中度危害

（Ⅲ级）、高度危害（Ⅱ级）、极度危害（Ⅰ级）。化学实验室工作离不开很多化学试剂，而大多数化学试剂具有一定毒性，常见的Ⅰ级危害物质有黄磷和氰化物；Ⅱ级危害物质有四氯化碳、氯气、甲醛、硫化氢等；Ⅲ级危害物质有甲醇、甲苯、各种强酸、苯酚等；Ⅳ级有害物质有石油醚（溶剂汽油）、丙酮、氨等。有毒物质往往通过呼吸吸入、皮肤渗入、误食等方式导致人员中毒。如果实验室通风条件不佳，使用有毒试剂，或者在操作产生有毒气体或液体的化学反应时，人员极易通过呼吸吸入有毒气体的方式导致中毒。实验中手直接接触化学试剂和剧毒品，或者试剂不慎洒在皮肤上，都可能使人员通过皮肤渗入的方式造成化学中毒。在实验室中人员如果违规食用食品，用口操作移液管，或者试剂不慎溅入口中等均会造成化学试剂误食中毒。当操作含有或者产生有毒化学物质的实验时，若感觉咽喉灼痛、嘴唇脱色或发绀，胃部痉挛或恶心呕吐、心悸头晕等症状时，可以考虑是化学品中毒。要根据化学药品的毒性特点、中毒情况（包括吞食、吸入或沾到皮肤等）、中毒程度和发生时间等有关情况采取相应急救措施，根据情况送医院就诊。

案例：南京某大学实验室发生甲醛泄漏事故，由于老师做实验时违规离开，实验室甲醛泄漏，飘出白色气体，使得事故中不少学生喉咙痛、流眼泪，感觉不适。甲醛在《职业性接触毒物危害程度分级》属于高度危害（Ⅱ级）的毒物，会引发人体喉咙不适或疼痛，浓度高时，可引起人恶心呕吐、咳嗽胸闷、气喘、肺水肿甚至死亡。皮肤直接接触甲醛，可引起皮炎、色斑、皮肤坏死。本次事故是典型的通过呼吸吸入有毒物质导致中毒。

(1) 吸入有毒气体的应急处理

应先将中毒者转移到有新鲜空气的地方，解开衣领和纽扣让患者进行深呼吸（必要时可进行人工呼吸），必要时吸氧。待呼吸好转后，立即送医院治疗。注意：硫化氢、氯气和溴中毒不可进行人工呼吸，一氧化碳中毒不可使用兴奋剂。表 6.1 为吸入一些常见化学有毒气体的应急处理方法。

表 6.1 常见化学品解毒急救方法

化学品	急救方法
氯、溴、氯化氢蒸气	吸入稀氨水与乙醇或乙醚的混合蒸气
砷化氢、磷化氢	呼吸新鲜氧气
一氧化碳、氢氰酸	吸氧，实行人工呼吸
氨、苛性碱	吸入水蒸气，或服 1% 乙酸溶液，同时吞服小冰块
氰化钾、砷盐	氧化镁与硫酸亚铁溶液强烈搅动生成的新鲜氢氧化铁悬浮液

案例：某高校在开展制备硝基苯的教学实验时，很多学生和指导教师都出现头昏、头痛、咳嗽、过敏，并有食欲不振、嗜睡等症状，主要原因是蒸馏硝基苯时蒸气溢出，导致吸入性中毒，脱离实验室至空气新鲜的地方，进行深呼吸多次，数小时后，症状消失。本次事故处理得当，遇到吸入中毒后立即脱离现场，从而未造成更严重伤害事故。

(2) 皮肤沾染毒物的应急处理

应立即脱去被污染的衣服，并用大量水冲洗皮肤（禁用热水，冲洗时间不得少于 15 分钟），再用消毒剂洗涤伤处，最后涂敷能中和毒物的液体或保护性软膏。注意：①如沾染毒物的地方有伤痕，需迅速清除毒物，并请医生进行治疗；②有些有害物能与水作用（如浓硫酸或者一些金属遇水会放热），应先用干布或其他能吸收液体的干性材料擦去大部分污染物后，再用清水冲洗患处或涂抹必要的药物。

> **案例：** 某高校一学生手上有一小伤口，在做实验时又不小心使伤口接触了氯仿和乙醚等有机溶剂，致使手部红肿，伤口周围化脓，医治了将近一个月方才痊愈，主要原因就是冲洗时间不够。

(3) 眼睛接触毒物的应急处理

立即提起眼睑，使毒物随泪水流出，并用大量流动清水（可使用洗眼器）彻底冲洗。冲洗时，要边冲洗边转动眼球，使结膜内的化学物质彻底洗出，冲洗时间一般不得少于 30 分钟。如若没有冲洗设备或无他人协助冲洗时，可将头浸入脸盆或水桶中，浸泡十几分钟，可达到冲洗目的。注意：①一些毒物会与水发生反应，如生石灰、电石等，若眼睛沾染此类物质则应先用沾有植物油的棉签或干毛巾擦去毒物，再用水冲洗；②冲洗时忌用热水，以免增加毒物吸收；③切记不可使用化学解毒剂处理眼睛。

> **案例：** 某高校一名研究生在做硅胶柱色谱实验时，由于操作不慎，玻璃柱里面的氯仿喷出，溅入了该学生的眼中，该生在老师指导下用冷水清洗 30 分钟左右，并迅速到医院治疗，才没有引起其他不良后果。

(4) 误食化学品的应急处理

误食化学品的危险性最大。患者因吞食药品中毒而发生痉挛或昏迷时，非专业医务人员不可随便进行处理。除此以外的其他情形，则可采取下述方法处理。注意：在进行应急处理的同时，要立刻找医生治疗，并告知其引起中毒的化学药品的种类、数量、中毒情况以及发生时间等有关情况。

① 化学药品溅入口中而未咽下者应立即吐出，并用大量清水冲洗口腔。

② 误吞化学品　误吞化学品主要有三种处理方式：第一，为了降低胃液中化学品的浓度，延缓毒物被人体吸收的速度并保护胃黏膜，可饮食下列食物：如新鲜牛奶、生蛋清、面粉、淀粉、土豆泥的悬浮液以及水等，也可用 500 毫升的蒸馏水加入 50 克活性炭，服用前再加 400 毫升蒸馏水，并把它充分摇动润湿，然后给患者分次少量吞服；第二，催吐，先用手指或筷子或匙的柄摩擦患者的喉头或舌根，使其呕吐，若用上述方法还不能催吐时，可在半杯水中，加入 15 毫升吐根糖浆（催吐剂之一），或在 80 毫升热水中溶解一茶匙食盐饮服催吐，或者用 5～10 毫升 5%的稀硫酸铜溶液加入一杯温水，内服后用手指伸入咽喉部，促其呕吐，催吐后都应火速送医治疗；第三，吞服万能解毒剂（2 份活性炭、1 份氧化镁和 1 份丹宁酸的混合物），用时可取 2～3 茶匙此药剂，加入一杯水，调成糊状物吞服。表 6.2 列举了误食某些化学品的应急处理方法。

表 6.2　误食某些化学品的应急处理方法

误食	应急处理办法
强酸	吞入酸者，先饮大量水，再服氢氧化铝膏或 2.5% 氧化镁溶液（不可使用碳酸钠或碳酸氢钠溶液做中和剂，因为酸会与之反应产生大量二氧化碳气体，使中毒者产生严重不适），然后吞入蛋清，喝点鲜牛奶，不要服催吐剂
强碱	吞入碱者，先饮大量水，再服醋、酸性果汁（橙汁、柠檬汁等），然后吞入蛋清，喝点鲜牛奶，不要服催吐剂
汞和汞盐	用饱和 $NaHCO_3$ 溶液洗胃，或立即给饮浓茶、牛奶，吃生鸡蛋清和蓖麻油，立即送医救治
铅及铅的化合物	用硫酸钠或硫酸镁灌肠，送医治疗
酚类化合物	立即给患者饮自来水、牛奶或吞食活性炭以减缓毒物被吸收的程度，然后反复洗胃或进行催吐，再口服 60 毫升蓖麻油和硫酸钠溶液（将 30 克硫酸钠溶于 200 毫升水中），注意千万不可服用矿物油或用乙醇洗胃
乙醛、丙酮、苯胺	可用洗胃或服用催吐剂的方法除去胃中的药物，随后服用泻药，若呼吸困难，应给患者输氧，丙酮一般不会引起严重的中毒
氯代烃	吞食氯代烃后，应用自来水洗胃，然后饮服硫酸钠溶液（将 30 克硫酸钠溶于 200 毫升水中），千万不要喝咖啡之类的兴奋剂
甲醛	吞食甲醛后，应立即服用大量牛奶，再用洗胃或催吐等方法进行处理，待吞食的甲醛排出体外，再服用泻药，如果条件允许，可服用 1% 的碳酸铵水溶液。
二硫化碳	吞食二硫化碳后，首先应洗胃或用催吐剂进行催吐，让患者躺下，并加以保暖，保持通风良好。
重金属盐	喝一杯含有几克硫酸镁的水溶液，立即就医，不要服催吐药，以免引起危险或使病情复杂化

6.1.2　各种外伤和应急处理

实验室常见的外伤有化学药品等引起的腐蚀、灼烧性伤害，加热灼烧引起的烫伤，切割引起的外伤，爆炸引起的炸伤等。

6.1.2.1　化学灼伤和应急处理

化学灼伤是指皮肤直接接触强腐蚀性物质、强氧化剂、强还原剂引起的局部外伤。例如溴、白磷、浓酸、浓碱对人体皮肤和眼睛具有强烈的腐蚀作用，有些固态化学物质（如重铬酸钾）在研磨时扬起的细尘对人体皮肤和视神经也有破坏作用。因此，进行任何实验都应佩戴护目镜保护眼睛，使其不受任何试剂侵蚀。发生化学灼伤时，首先应迅速解除衣物，清除皮肤上的化学药品，并迅速用大量干净的水冲洗，再用能清除该药品的溶液或药剂处理。

案例：某高校化学实验室，几名同学在安装氯硅烷液相管时，突然一股氯硅烷挥发气体冲出，正好喷到其中一个同学的脸和两只手臂上，将其灼伤。指导教师及时清除该同学所接触试剂后，再让该学生采用大量的清水冲洗，及时送医才未造成更严重的后果。

① 酸灼伤后，应立即用大量水冲洗或用甘油擦洗伤处，然后包扎，须根据具体情况进行处理：a. 硫酸、盐酸、硝酸、氢碘酸、氢溴酸、氯磺酸触及皮肤，如量不大，应立即用大量流动清水冲洗 30 分钟，再用饱和 $NaHCO_3$ 溶液或肥皂液洗涤；如沾有大量硫酸，先用

抹布抹去浓硫酸，然后用水彻底清洗15分钟，再用饱和$NaHCO_3$溶液或稀氨水冲洗，严重时送医治疗；b. 当皮肤被草酸灼伤时，不宜使用饱和碳酸氢钠溶液进行中和，这是因为碳酸氢钠碱性较强，会产生刺激，应当使用镁盐或钙盐进行中和；c. 氢氰酸灼伤皮肤时，先用高锰酸钾溶液冲洗，再用硫化铵溶液冲洗。

② 碱灼伤后，立即用大量的水洗涤，再用醋酸溶液冲洗伤处或在灼伤处撒硼酸粉，不同碱灼伤处理方法有一定差异：a. 氢氧化钠或者氢氧化钾灼伤皮肤等，先用大量水冲洗15分钟以上，再用1%硼酸溶液或2%乙酸溶液浸洗，最后用清水洗，必要时洗完以后加以包扎；b. 当皮肤被生石灰灼伤时，则应先用油脂类的物质除去生石灰，再用水进行冲洗。

③ 三氧化磷、三溴化磷、五氯化磷、五溴化磷等触及皮肤时，应立即用清水清洗15分钟以上，再送医院治疗。受白磷腐蚀时，伤处应立即用1%硝酸银或2%硫酸铜溶液或浓的高锰酸钾溶液擦洗，然后用2%硫酸铜溶液润湿过的绷带覆盖在伤处，最后包扎。

④ 溴灼伤是很危险的，被溴灼伤后的伤口一般不易愈合。当皮肤被液溴灼伤时，应立即用2%硫代硫酸钠溶液冲洗至伤处呈白色，再用大量水冲洗干净，包上纱布就诊；或先用酒精冲洗，再涂上甘油；或直接用水冲洗后，用25%氨水、松节油、95%酒精（1∶1∶10）的混合液涂敷。碘触及皮肤时，可用淀粉物质如土豆涂擦，减轻疼痛，也能褪色。

⑤ 当皮肤被酚类化合物灼伤时，应先用酒精洗涤，再涂上甘油。例如苯酚沾染皮肤时，先用大量水冲洗，然后用70%乙醇和1mol/L氯化镁（4∶1）的混合液擦洗。

⑥ 碱金属灼伤　立即用镊子移走可见的钠块，然后用酒精擦洗，再用清水冲洗，最后涂上烫伤膏。碱金属氰化物灼伤皮肤处理方法与氢氰酸灼伤类似，先用高锰酸钾溶液冲洗，再用硫化铵溶液冲洗。

⑦ 氢氟酸或氟化物灼伤时，先用水清洗，再用5%的$NaHCO_3$溶液冲洗，最后用甘油和氧化镁（配比为2∶1）糊剂涂敷（或者用冰冷的硫酸镁溶液冲洗，也可涂可的松油膏）。

⑧ 铬酸、重铬酸钾以及铬（Ⅵ）化合物灼伤皮肤时，可用5%硫代硫酸钠溶液清洗受污染的皮肤，其中，铬酸灼伤皮肤还可用大量水冲洗，再用硫化铵的稀溶液冲洗。

⑨ 磷灼伤　一是要在水的冲淋下仔细清除磷粒，二是要用1%硫酸铜溶液冲洗，三是要用大量生理盐水或清水冲洗，四是用2%碳酸氢钠溶液湿敷，切忌暴露或用油脂敷料包扎。

⑩ 硫酸二甲酯灼伤　用大量水冲洗，再用5%的$NaHCO_3$冲洗，不能涂油，不能包扎，应暴露伤处让其挥发，等待就医。

值得注意的是被上述化学品灼伤后，创面如果起水泡，均不宜把水泡挑破，如有水泡出血，可涂红药水或者紫药水。若试剂进入眼中，切不可用手揉眼，应先用抹布擦去溅在眼外的试剂，再用大量水（可用洗眼器）冲洗。若是碱性试剂，需再用饱和硼酸溶液或1%醋酸溶液冲洗；若是酸性试剂，需先用碳酸氢钠稀溶液冲洗，再滴入少许蓖麻油。若一时找不到上述溶液而情况危急时，可用大量蒸馏水或自来水冲洗，再送医院治疗。眼睛受到溴蒸气刺激不能睁开时，可对着盛酒精的瓶内停留片刻。

案例：安徽某高校学生在做化学实验时，不慎手指触碰到氢氟酸，清洗不当，引发氢氟酸中毒，手指疼痛，指甲发黑。本次事故产生较严重后果的原因是，氢氟酸灼伤后不仅要用水冲洗，还应该用5%的$NaHCO_3$溶液冲洗，在实验室中再用甘油和氧化镁配制糊剂涂敷后送医。

6.1.2.2 烧伤、烫伤和应急处理

实验室烧伤、烫伤一般是由热力如火焰、沸水、热油、蒸汽、红热的玻璃、铁器造成的组织伤害，或者由电流、激光、放射线所致的组织损害。

(1) 烧伤应急处理

烧伤根据伤势的轻重分为三级：①一级烧伤，皮肤红痛或红肿，无水疱，烧灼性疼痛，一周左右愈合；②二级烧伤，皮肤起水疱，若水疱基底潮红，剧疼，一般在2周内愈合，无瘢痕；若水疱基底红白相间，痛觉迟钝，一般3～4周愈合，愈合后有瘢痕；③三级烧伤，组织破坏，皮肤呈现棕色或黑色，烫伤有时呈白色，无痛，不能自愈，急救的目的是使受伤皮肤表面不受感染。一级烧伤，可用水冲洗使伤口处降温，再涂些鱼肝油或烫伤油膏；二级烧伤，不要弄破水泡，防止感染，可以用薄的油纱布（比如凡士林纱布）覆盖在已清洗拭干的伤面上，再用几层纱布包裹，隔天更换敷料；三级烧伤，尽可能采用暴露疗法不宜包扎，应由医生在医院进行专业治疗。

> **案例：** 某高校一名实验员使用酒精喷灯时，手不慎被灯焰烧伤（喷灯火焰温度可高达600～800℃），烧伤程度为二级，皮肤起水疱，清洗伤口后，用凡士林纱布覆盖，然后包扎，2周后痊愈。本次事故中实验室配备有基本急救物品，处理得当，未引起严重后果。

烧伤现场急救的基本原则主要包括五个方面。

① 保护受伤部位，迅速脱离致伤源　迅速脱去着火的衣服或采用水浇灌或卧倒打滚等方法熄灭火焰，切忌奔跑喊叫，以防增加头面部及呼吸道损伤。

② 立即冷疗　迅速降低局部温度以避免深度烧伤，冷疗是指采用冷水冲洗、浸泡或湿敷，为了防止发生疼痛和组织损伤，烧伤后应迅速采用冷疗的方法。冷疗在6小时内有较好的效果，冷却水的温度应控制在10～15℃为宜，冷却时间至少要0.5～2小时左右。对于不便洗涤的脸及躯干等部位，可用自来水润湿2～3条毛巾，包上冰片，把它敷在烧伤面上，并经常移动毛巾，以防同一部位过冷。若患者口腔疼痛，可口含冰块。

③ 保护创面　现场烧伤创面无需特殊处理。尽可能保留水疱皮完整性，不要撕去腐皮，同时只要用干净的被单进行简单的包扎即可。创面忌涂有颜色药物及其他物质，如龙胆紫、红药水、酱油等，也不要涂膏剂如牙膏等，以免影响对创面深度的判断和处理。手（足）受伤处，应对手指脚趾分开包扎，防止粘连。

④ 镇静止痛　尽量减少使用镇静止痛药物，如遇到疼痛敏感伤者可皮下注射杜冷丁、异丙嗪等药物；若伤者持续躁动不安，应考虑是否有休克现象，切不可盲目使用镇静剂。

⑤ 液体治疗　烧伤面积达到一定程度，患者可能发生休克。若伤者出现口渴要水的早期休克症状，可少量饮用淡盐水，一般一次口服不宜超过50毫升。不要让伤者大量饮用白开水或糖水，以防胃扩张或脑水肿，并立即送医治疗。

(2) 烫伤应急处理

烫伤时，如伤势较轻，涂上烫伤软膏、植物油、万花油、鱼肝油或红花油后包扎即可；如伤势较重，不能涂烫伤软膏等油脂类药物，可撒上纯净的碳酸氢钠粉末，并立即送医院治疗。

6.1.2.3 冻伤和应急处理

化学实验经常会使用液氮、干冰等制冷剂，若操作不慎，易引发不同程度的冻伤事故。

冻伤的应急处理是尽快脱离现场环境，快速恢复体温。即迅速把冻伤部位放入37～40℃左右（不宜超过42℃）的温水中浸泡复温，一般20分钟以内即可，时间不可过长。对于颜面冻伤，可用经37～40℃水浸湿的毛巾进行局部热敷。无温水时，可将冻伤部位置于施救者的温暖体部，如腋下、腹部等，达到复温的目的。

6.1.2.4 玻璃仪器等造成的割伤和应急处理

化学实验室中最常见的外伤是由玻璃仪器或玻璃管的破碎或不慎碰到其他尖锐物品引发的。

对于割伤紧急处理，首先应止血，以防大量流血引起休克。原则上可直接压迫损伤部位进行止血。即使损伤动脉，也可用手指或纱布直接压迫损伤部位即可止血。

① 由玻璃片或管造成的外伤，首先必须检查伤口内有无玻璃碎片，以防压迫止血时将碎玻璃片压深。若有碎片，应先用消过毒的镊子小心地将玻璃碎片取出，再用消毒棉花和硼酸溶液或双氧水洗净伤口，再涂上红药水或碘酊（两者不能同时使用）并用消毒纱布包扎好。若伤口太深，流血不止，则让伤者平卧，抬高出血部位，压住附近动脉，并在伤口上方约10厘米处用纱布扎紧，压迫止血，并立即送医院治疗。

② 若被带有化学药品的注射器针头或沾有化学品的碎玻璃刺伤或割伤，应立即挤出污血，以尽可能将化学品清除干净，以免中毒。用净水洗净伤口，涂上碘酊后包扎。如化学品毒性大则应立即送医治疗。

③ 玻璃碎屑进入眼睛内比较危险，一旦眼内进入玻璃碎屑或其他会对眼睛造成伤害的碎屑如金属碎屑等，应保持平静，绝不能用手搓揉，尽量不要转动眼球，可任其流泪。有时碎屑会随泪水流出。严重时，用纱布包住眼睛，将伤者紧急送医治疗。

6.1.2.5 炸伤和应急处理

实验室爆炸性事故多发生在具有易燃易爆和压力容器的实验室，一般引起爆炸事故发生的原因有：①爆炸性物品受到高热摩擦、撞击、震动等因素作用引发爆炸；②强氧化性物品与能与其相互作用的物质混存引发燃烧和爆炸；③易燃气体在空气中泄漏到一定浓度时遇明火发生爆炸；④回火现象引发的燃气管道爆炸；⑤违反操作规程，引燃易燃物品，进而导致爆炸；⑥粉尘爆炸。

爆炸事故具有突发性的特点，实验室工作人员要学会一定的应急处理。①发生爆炸时，应就近隐蔽或卧倒，护住重要部位；②当发生爆炸时，在确认安全的情况下及时切断电源和管道阀门，及时拨打119火警和120急救中心；③所有人员应听从指挥，有组织的通过安全出口或其他方法迅速撤离爆炸现场；④受伤人员应该立即送往医院抢救。如果伤员伤势严重，大量出血，需要进行适当的止血、包扎、固定处理后，再尽快送到医院治疗。

下面是一些炸伤的应急处理方法：当眼部被严重炸伤时，要让伤员立即躺下，严禁用水冲洗伤眼或涂抹任何药物，在伤眼上加盖清洁敷料，轻轻缠绕包扎，严禁加压。双眼均需包扎，以免未受伤的眼睛活动带动伤眼，然后立即送医院就诊。眼部严重受伤送医院时应尽量减少颠簸，以减少眼内容物的涌出。身体部位由于爆炸造成外伤出血时，可以清洁布料压迫止血。除非严重外伤导致大血管损伤，不要采用布带缠绕肢体等措施止血。如果手脚被炸断时，伤处以清洁敷料压迫止血，在现场将离体部分尽量找回。尽快送医院，争取6～8小时内行再植手术。断肢不得以消毒液和其他任何液体浸泡，不得直接接触冰块。正确的方法是，把断肢用无菌敷料或干净的布巾包裹，外面用塑料薄膜密封。再放到适当的容器里，周围放上冰块或冰棍、雪糕等，使其保存在0～4℃的环境。

6.1.3 触电和应急处理

实验室中常使用大功率实验设备，如马弗炉、烘箱、电炉、电热板等。当使用设备时，人体与电器导电部分直接接触及石棉网金属丝与电炉电阻丝接触；用湿的手接触电插头；使用无接地设施的电器设备等都可能引起触电。触电事故有两个特点：一是无法预兆，瞬间即可发生；二是危险性大，致死率高。一旦发生触电事故，不要慌乱，一定要冷静正确处理。应急处理原则时：动作迅速，方法得当。

① 迅速让触电者脱离电源。人体触电后，很可能由于痉挛或昏迷紧紧握住带电体，不能自拔，如果电闸在事故现场，应立即切断电源。如果电闸不在事故现场附近，立即用绝缘物体将带电导线从触电者身上移开，使触电者迅速脱离电源或者用电工钳子切断电源。注意：未采取绝缘前，救助者不可徒手拉触电者，以防抢救者自己被电流击倒。救助者不能用金属或潮湿的物品作为救护工具。在把触电者拉离电源时，救助者单身操作比较安全。

② 触电者脱离电源后立即检查其受伤的情况。如情况不严重可在短期内自行恢复知觉。若神志不清则应迅速判断其有无呼吸和心跳。若已停止呼吸，应立即解开上衣，进行人工呼吸或心肺复苏，迅速与医院联系。

6.2 心肺复苏术和简单包扎方法

6.2.1 心肺复苏方法

现场心肺复苏术主要分为三个步骤：打开气道，人工呼吸和胸外心脏按压。

患者的意识判断和打开气道：首先，先要判断患者意识。大声地呼叫，或者摇动患者，看是否有反应。凑近他的鼻子、嘴边，感受是否有呼吸。摸摸他的颈动脉，看是否有搏动，切记不可同时触摸两侧颈动脉。其次，开放气道：将患者置于平躺的仰卧位，昏迷的人常常会因舌后坠而造成起到气道堵塞，这时施救人员要跪在患者身体的一侧，一手按住其额头向下压，另一手托起其下巴向上抬，标准是下颌与耳垂的连线垂直于地平线，这样就说明气道已经被打开。

人工呼吸：如患者无呼吸，立即进行口对口人工呼吸两次，然后摸颈动脉，如果能感觉到搏动，那么只进行人工呼吸即可。

人工呼吸方法：最好能找一块干净的纱布或手巾，盖在患者的口部，防止细菌感染。施救者一手捏住患者鼻子，大口吸气，屏住，迅速俯身，用嘴包住患者的嘴，快速将气体吹入。与此同时，施救者的眼睛需观察患者的胸廓是否因气体的灌入而扩张，气吹完后，松开捏着鼻子的手，让气体呼出，这样就是完成了一次呼吸过程（如图6.1所示）。每分钟平均完成12次人工呼吸。

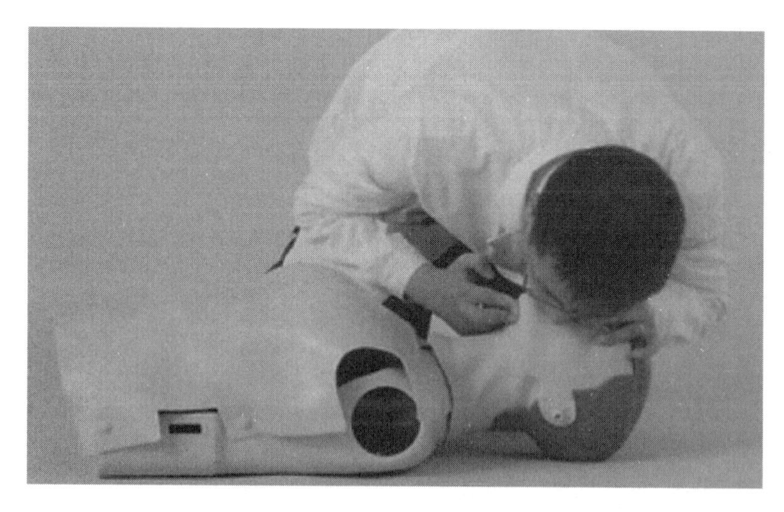

图 6.1　人工呼吸方法

人工循环：人工循环是通过胸外心脏按压形成胸腔内外压差，维持血液循环动力，并将人工呼吸后带有氧气的血液供给脑部及心脏以维持生命。如果患者一开始就已经没有脉搏，或者人工呼吸进行一分钟后还是没有触及，则需进行胸外心脏按压（如图 6.2 所示）。方法如下：首先确定正确的胸外心脏按压位置。沿着最下缘的两侧肋骨从下往身体中间摸到交接点，叫剑突，以剑突为点向上在胸骨上定出两横指的位置，也就是胸骨的中下三分之一交界线处，这里就是实施点。施救者以一手叠放于另一手手背，十指交叉，将掌根部置于刚才找到的位置，依靠上半身的力量垂直向下压，胸骨的下陷距离约为 4～5 厘米，两只手臂必须伸直，不能弯曲，压下后迅速抬起，频率控制在至少 100 次/分。胸外心脏按压与人工呼吸的次数比率为 30∶2。

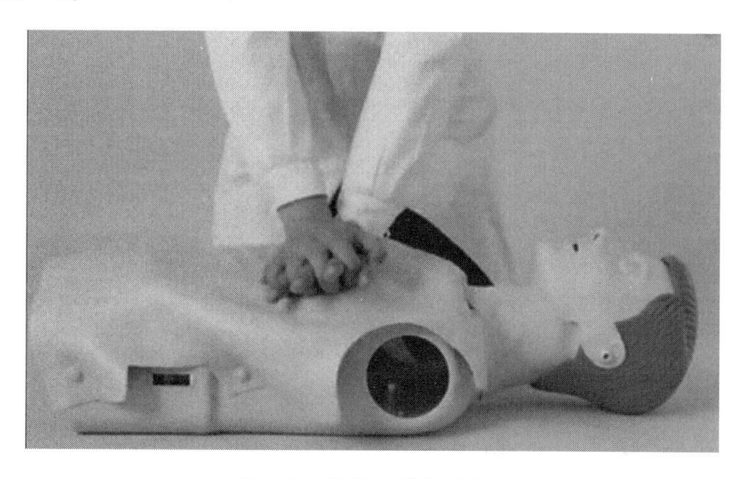

图 6.2　胸外心脏按压方法

6.2.2　简单包扎方法

包扎有保护伤口、减少感染机会、压迫止血、固定骨折和减少伤痛的作用。包扎常用的材料有绷带和三角巾等。现场如果没有这些材料，亦可用毛巾、衣物等代替。包扎动作应力求熟练、软柔，松紧应适宜。这里介绍以绷带或类似绷带的材料的几种包扎法。

(1) 环形包扎法

常用于肢体较小部位的包扎，或用于其他包扎法的开始和终结。包扎时打开绷带卷，把绷带斜放伤肢上，用手压住，将绷带绕肢体包扎一周后，再将带头和一个小角反折过来，然后继续绕圈包扎，第二圈盖住第一圈，包扎4圈即可（如图6.3所示）。

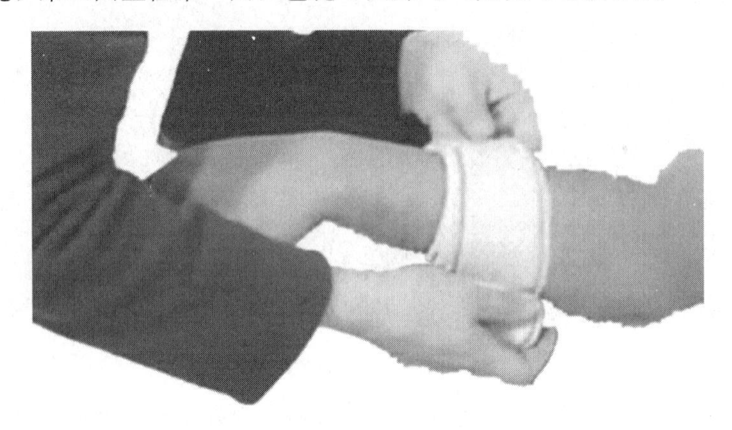

图6.3 环形包扎法

(2) 螺旋包扎法

绷带卷斜行缠绕，每卷压着前面的一半或三分之一（如图6.4所示）。此法多用于肢体粗细差别不大的部位。

图6.4 螺旋包扎法

(3) 反折螺旋包扎法

做螺旋包扎时，用大拇指压住绷带上方，将其反折向下，压住前一圈的一半或三分之一（如图6.5所示），多用于肢体粗细相差较大的部位。

(4) "8"字包扎法

多用于关节部位的包扎。在关节上方开始做环形包扎数圈，然后将绷带斜行缠绕，一圈在关节下缠绕，两圈在关节凹面交叉，反复进行，每圈压过前一圈一半或三分之一（如图6.6所示）。

值得注意的是，很多学生很难在短期内掌握急救方法，发生人身伤害时，应该在实验教师的指导下进行急救。但是，目前高校实验人员也相对缺乏急救技能方面的相关培训，存在

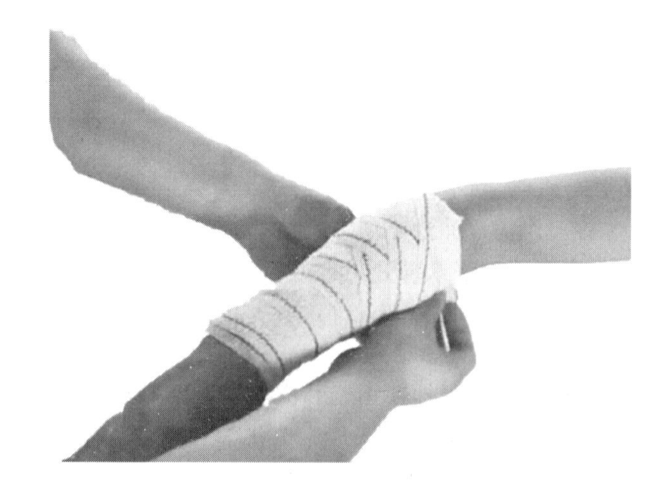

图 6.5　反折螺旋包扎法

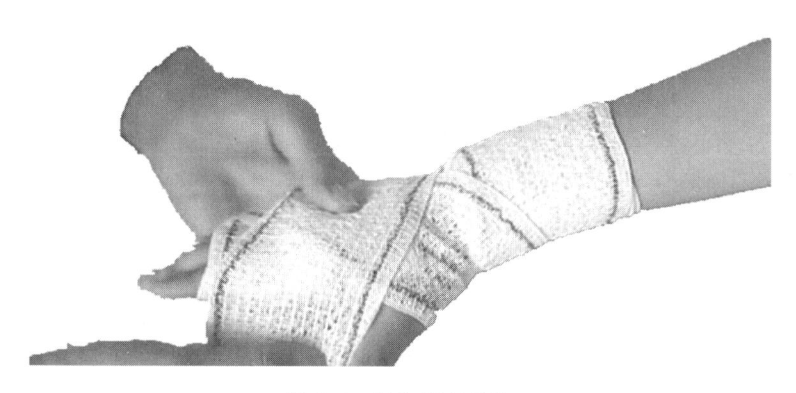

图 6.6　“8”字包扎法

一定安全隐患。长期从事化学实验教学的教师有必要定期进行常规的实验室伤害应急处理的训练，熟悉一般的实验伤害应急处理方法，以备不时之需。

6.3 练　习

6.3.1 判断题

(1) 一氧化碳中毒应该使用兴奋剂急救。(　　)

(2) 不小心吸入氢氰酸时应采用吸氧或人工呼吸的急救方法。(　　)

(3) 误食氰化钾、砷盐，应给患者服用氧化镁与硫酸亚铁溶液强烈搅动生成的新鲜氢氧化铁悬浮液。(　　)

(4) 强氧化性的铬酸灼伤皮肤时，应用大量水冲洗，再用硫化铵的稀溶液冲洗。(　　)

(5) 受化学灼伤后，创面起水泡，应抓紧把水泡挑破，挤出脓水。(　　)

(6) 烧伤创面可以涂龙胆紫、红药水、酱油，或者膏剂比如牙膏等进行创面保护。(　　)

（7）不慎吞入酸者，可先饮大量水，再服氢氧化铝膏、鸡蛋白。（　　）

（8）不论酸或碱中毒都需灌注牛奶，不要服催吐剂。（　　）

（9）吞入酸者，可饮用碳酸钠或碳酸氢钠溶液做缓和剂。（　　）

（10）当操作有毒物质实验中，若感觉咽喉灼痛、嘴唇脱色或发绀，胃部痉挛或恶心呕吐、心悸头晕等症状时，可以考虑可能是化学品中毒。（　　）

（11）有些有害物能与水作用（如浓硫酸遇水放热），应先用干布或其他能吸收液体的干性材料擦去大部分污染物后，再用清水冲洗患处或涂抹必要的药物。（　　）

（12）当眼睛内不小心溅入生石灰、电石等，应立即用大量水冲洗，必要时应使用化学解毒剂。（　　）

（13）当皮肤被草酸灼伤时，应立即使用饱和碳酸氢钠溶液进行中和。（　　）

（14）烫伤时，如伤势较轻，涂上烫伤软膏、植物油、万花油、鱼肝油或红花油后包扎即可；如伤势较重，不能涂烫伤软膏等油脂类药物，可撒上纯净的碳酸氢钠粉末，并立即送医院治疗。（　　）

（15）由玻璃造成的外伤，伤口若有碎片，应先用消过毒的镊子小心地将玻璃碎片取出，再用消毒棉花和硼酸溶液或双氧水洗净伤口，再同时涂上红药水和碘酊，并用消毒纱布包扎好。（　　）

（16）化学实验经常会使用液氮、干冰等制冷剂。若操作不慎，易引发不同程度的冻伤事故，一般的应急处理方法是迅速离开现场，可用热水浸泡或是热毛巾敷等方法使体温恢复。（　　）

（17）现场心肺复苏术主要分为三个步骤：打开气道，人工呼吸和胸外心脏按压。（　　）

（18）包扎伤口常用的材料是绷带、三角巾等，现场如果没有这些材料，亦可用毛巾、衣物等代替。（　　）

（19）做人工呼吸时，每分钟平均完成 20 次人工呼吸。（　　）

（20）当眼部被严重炸伤时，要让伤员立即躺下，马上用水冲洗伤眼并涂抹治疗药物，包扎时只包扎受伤的眼睛，未受伤眼睛不用包扎，以方便伤者行动，然后立即送医院就诊。（　　）

6.3.2　单选题

（1）化学实验室工作离不开很多化学试剂，而大多数化学试剂具有一定毒性。有毒物质往往通过______等方式导致中毒。

A. 呼吸吸入　　B. 皮肤渗入　　C. 误食　　D. 以上都是

（2）吸入有毒气体的正确做法是______。

A. 应先将中毒者转移到有新鲜空气的地方，解开衣领和纽扣让患者进行深呼吸（必要时可进行人工呼吸），待呼吸好转后，立即送医院治疗

B. 将中毒者转移到有新鲜空气的地方，解开衣领和纽扣让患者嗅闻解毒剂蒸气。待呼吸好转后，立即送医院治疗

C. A 和 B 都对

D. A 和 B 都不对，不能轻易移动中毒者

（3）吸入______中毒可进行人工呼吸。

A. 硫化氢　　B. 氯气　　C. 液溴　　D. 一氧化碳

（4）皮肤沾染毒物时，必须______。

A. 立即脱去被污染的衣服，用大量水冲洗皮肤，再用消毒剂洗涤伤处。如沾染毒物的地方有伤痕，迅速处理并请医生治疗

B. 先用消毒剂洗涤伤处，再用大量水冲洗皮肤。如沾染毒物的地方有伤痕，迅速处理并请医生治疗

C. 用湿毛巾擦去皮肤上的毒物，用红药水或紫药水消毒

D. 以上全对

（5）化学试剂______灼伤皮肤后，不可用大量水清洗，必须先用干布或其他能吸收液体的干性材料擦去或用镊子除去大部分污染物后，再用清水冲洗患处或涂抹必要的药物。

A. 浓硫酸　　B. 钾　　C. 钠　　D. 以上都是

（6）眼睛接触生石灰、电石等毒物的正确的应急处理是______。

A. 先用蘸有植物油的棉签或干毛巾擦去毒物，再用冷水冲洗

B. 冲洗时可用热水

C. 用大量流动清水（可使用洗眼器）彻底冲洗

D. 眼睛可使用化学解毒剂

（7）皮肤被生石灰灼伤时，以下______处理是正确的？

A. 立即用大量的水洗涤，再用醋酸溶液冲洗或撒硼酸粉

B. 应先用油脂类的物质除去生石灰，再用水进行冲洗

C. A 和 B 都对

D. A 和 B 都错，应用草酸先和生石灰作用，再冲洗干净包扎

（8）当皮肤被草酸灼伤时，应该使用______试剂进行中和。

A. 饱和碳酸氢钠溶液　　B. 镁盐或钙盐

C. 氢氧化钠溶液　　D. 以上都可以

（9）氢氧化钠或者氢氧化钾等强碱灼伤皮肤时，应先用大量水冲洗 15 分钟以上，再用______浸洗，最后用清水洗，必要时洗完以后加以包扎。

A. 1%硼酸溶液　　B. 2%乙酸溶液　　C. 稀硫酸溶液　　D. A 和 B 都行

（10）当皮肤被液溴灼伤时，应立即______。

A. 用 2%硫代硫酸钠溶液冲洗至伤处呈白色，再用大量水冲洗，包扎就诊

B. 用酒精冲洗，再涂上甘油

C. 用水冲洗后，用 25%氨水、松节油、95%酒精（1∶1∶10）的混合液涂敷

D. 以上都对

（11）受白磷腐蚀时，伤处应立即用______擦洗，然后将用 2%硫酸铜溶液润湿过的绷带覆盖在伤处，最后包扎。

A. 1%硝酸银　　B. 2%硫酸铜溶液

C. 浓的高锰酸钾溶液　　D. 以上都行

（12）误食______中毒，不要服催吐剂。

A. 酸　　B. 碱　　C. 重金属　　D. 以上都是

（13）误吞化学品后，为了降低胃液中化学品的浓度，延缓毒物被人体吸收的速度并保护胃黏膜，可饮食下列食物______。

A. 鲜牛奶或生蛋清

B. 面粉、淀粉、土豆泥的悬浮液

C. 500mL 加入 50g 活性炭的水溶液

D. 以上都行

(14) 误食汞和汞盐中毒，应采用的急救方法是______。

A. 用饱和 $NaHCO_3$ 溶液洗胃，或立即饮浓茶、牛奶，吃生鸡蛋清和蓖麻油，然后立即送医救治

B. 服用催吐剂

C. 用硫酸钠或硫酸镁灌肠，然后送医治疗

D. 先饮大量水，再服醋、酸性果汁（橙汁、柠檬汁等）或者蛋清

(15) 氢氰酸或者氰化钠沾染皮肤时，应先用高锰酸钾溶液冲洗，再用______溶液冲洗。

A. 饱和 $NaHCO_3$ 溶液　　B 红药水

C. 硫化铵　　D. 稀盐酸

(16) 若被带有化学药品的注射器针头或沾有化学品的碎玻璃刺伤或割伤，应立即______。

A. 挤出污血，以尽可能将化学品清除干净，以免中毒

B. 用干净水洗净伤口，涂上碘酊后包扎

C. 直接贴上创可贴止血并保护伤口，等医生来治疗

D. 以上都行

(17) 被硫酸二甲酯灼伤，下列做法正确的是______。

A. 不能涂油

B. 不能包扎，暴露伤处让其挥发

C. A 和 B 都对

D. A 和 B 都错，应该先用水洗清伤口，再涂红花油之类，而后包扎

(18) 以下化学物质中，______不会灼伤皮肤。

A. 强碱或者强酸　　B. 强氧化剂　　C. 液溴　　D. KBr 或者 NaBr 水溶液

(19) 烧伤根据伤势的轻重分为______级。

A. 2　　B. 3　　C. 4　　D. 5

(20) 烧伤现场急救的基本原则是______：

①保护受伤部位，迅速脱离致伤源；②立即冷疗，以迅速降低局部温度避免深度烧伤；③保护创面；④镇静止痛；⑤液体治疗。

A. ①③　　B. ②③④⑤　　C. ①②③④⑤　　D. ①②③⑤

6.3.3 多选题

(1) 若皮肤被硫酸灼伤后，应采用的应急处理方法是______。

A. 如量不大，应立即用大量流动清水冲洗 30 分钟，再用饱和 $NaHCO_3$ 溶液或肥皂液洗涤

B. 大量时，先用抹布抹去浓硫酸，再用水彻底清洗 15 分钟，用饱和 $NaHCO_3$ 溶液或稀氨水冲洗，严重时送医治疗

C. 不管量的多少，先用饱和 $NaHCO_3$ 溶液或稀氨水冲洗，再用大量清水冲洗

D. 不管量的多少，先用大量清水冲洗，再用饱和 $NaHCO_3$ 溶液或肥皂液洗涤

(2) 当吸入______时，可吸入稀氨水与乙醇或乙醚的混合液蒸气进行急救。

A. 一氧化碳 B. 氯化氢 C. 溴 D. 磷化氢

(3) 磷灼伤，应采用的应急处理方法是______。

A. 在水的冲淋下仔细清除磷粒

B. 用 1%硫酸铜溶液冲洗

C. 用大量生理盐水或清水冲洗

D. 用 2%碳酸氢钠溶液湿敷（切忌暴露或用油脂敷料包扎）

(4) 以绷带或类似绷带的材料进行的简单包扎方法包括______。

A. 环形包扎法 B. 螺旋包扎法 C. 反折螺旋包扎法 D. “8”字包扎法

(5) 心肺复苏方法的操作包括______。

A. 加盖衣服保持体温 B. 打开气道

C. 人工呼吸 D. 胸外心脏按压

(6) 关于胸外心脏按压叙述正确的是______。

A. 首先要确定正确的胸外心脏按压位置

B. 实施时两只手臂必须伸直，不能弯曲

C. 按压频率控制在至少 100 次/分

D. 胸外心脏按压与人工呼吸的次数比率为 30∶2

(7) 爆炸事故具有突发性的特点，正确的应急处理方法是______。

A. 将发生爆炸时，应就近隐蔽或卧倒，护住重要部位

B. 当发生爆炸时，在确认安全的情况下及时切断电源和管道阀门，及时拨打 119 火警和 120 急救中心

C. 所有人员应听从指挥，有组织的通过安全出口或其他方法迅速撤离爆炸现场

D. 受伤人员应该立即送往医院抢救。如果伤员伤势严重，大量出血，需要进行适当的止血、包扎、固定处理后，再尽快送到医院治疗

(8) 关于冻伤的应急处理正确的是______。

A. 尽快脱离现场环境

B. 快速恢复体温，迅速把冻伤部位放入高于体温，人体可承受的 45℃左右的热水中浸泡

C. 无温水时，可将冻伤部位置于施救者的温暖体部，如腋下、腹部等，达到复温的目的

D. 面部冻伤，可用经 37～40℃水浸湿的毛巾进行局部热敷

(9) 玻璃碎屑进入眼睛内的应急处理方法是______。

A. 用手轻轻搓揉，将玻璃碎屑取出

B. 尽量转动眼球，使玻璃碎屑掉出

C. 保持平静，任眼泪自行流淌，有时碎屑会随泪水流出

D. 严重时，用纱布包住眼睛，将伤者紧急送医治疗

(10) 对于误吞化学品主要的处理方式包括______。

A. 服用新鲜牛奶、生蛋清、面粉、淀粉、土豆泥的悬浮液等以胃液中化学品的浓度，延缓毒物被人体吸收的速度并保护胃粘膜

B. 催吐，先用手指或筷子或匙的柄摩擦患者的喉头或舌根，使其呕吐

C. 吞服万能解毒剂（2 份活性炭、1 份氧化镁和 1 份丹宁酸的混合物）

D. 转移至空气新鲜处或者进行吸氧

练 习 答 案

1 绪论

1.6.1 判断题

（1）错 （2）对 （3）错 （4）对 （5）对 （6）对 （7）错 （8）对 （9）错 （10）对

1.6.2 单选题

（1）A （2）B （3）D （4）A （5）C

1.6.3 多选题

（1）ABCD （2）ABCD （3）ABC （4）ABC （5）ABD

2 化学实验室基本安全规范

2.6.1 判断题

（1）错 （2）错 （3）对 （4）错 （5）对 （6）错 （7）对 （8）错 （9）错 （10）对 （11）对 （12）对 （13）错 （14）对 （15）错 （16）对 （17）错 （18）错 （19）对 （20）对

2.6.2 单选题

（1）D （2）B （3）A （4）A （5）B （6）A （7）C （8）A （9）D （10）C （11）D （12）C （13）A （14）B （15）D （16）A （17）C （18）C （19）A （20）B （21）B （22）D （23）C （24）C （25）A （26）D （27）B （28）A （29）B （30）C

2.6.3 多选题

（1）ABD （2）ABC （3）ABCD （4）AB （5）BCD （6）ABCD （7）ABCD （8）ABCD （9）ABCD （10）CD

3 实验室危险化学品的危险特性及储存

3.10.1 判断题

（1）对 （2）对 （3）错 （4）对 （5）错 （6）错 （7）对 （8）错 （9）错 （10）错 （11）对 （12）对 （13）错 （14）对 （15）对 （16）错 （17）错 （18）对 （19）对 （20）错 （21）错 （22）错 （23）对 （24）错 （25）对 （26）对 （27）错 （28）对 （29）对 （30）对 （31）对 （32）对 （33）错 （34）错 （35）错

3.10.2 单选题

（1）A （2）B （3）D （4）D （5）B （6）A （7）B （8）C （9）B （10）B （11）D （12）C （13）C （14）A （15）B （16）A （17）D （18）C （19）A （20）D （21）C （22）D （23）A （24）B （25）C （26）A （27）B （28）C （29）A （30）A （31）D （32）C （33）B （34）B

(35) D

3.10.3 多选题

(1) ABCD (2) ABCD (3) ABCD (4) ABC (5) ABC (6) ABCD (7) ABCD (8) ABCD (9) ABCD (10) ABCD (11) ABCD (12) BC (13) BCD (14) ABD (15) ABCD

4 化学实验室安全操作

4.4.1 判断题

(1) 对 (2) 错 (3) 错 (4) 错 (5) 对 (6) 对 (7) 错 (8) 错 (9) 错 (10) 对 (11) 错 (12) 对 (13) 错 (14) 错 (15) 对 (16) 对 (17) 错 (18) 错 (19) 错 (20) 对 (21) 错 (22) 对 (23) 错 (24) 对 (25) 对

4.4.2 单选题

(1) D (2) B (3) A (4) D (5) C (6) C (7) C (8) C (9) A (10) A (11) A (12) B (13) D (14) A (15) B

4.4.3 多选题

(1) ACD (2) BC (3) BCD (4) AB (5) ABCD (6) BCD (7) ABC (8) ACD (9) ABCD (10) ABCD

5 实验室危险废弃物的处理

5.3.1 判断题

(1) 对 (2) 对 (3) 错 (4) 对 (5) 错 (6) 错 (7) 对 (8) 错 (9) 对 (10) 对 (11) 错 (12) 对 (13) 错 (14) 对 (15) 错 (16) 对 (17) 对 (18) 错 (19) 错 (20) 错 (21) 对 (22) 对 (23) 错 (24) 对 (25) 错 (26) 对 (27) 对 (28) 错 (29) 对 (30) 对

5.3.2 单选题

(1) D (2) A (3) B (4) D (5) C (6) A (7) A (8) D (9) A (10) C (11) B (12) D (13) B (14) C (15) B (16) A (17) B (18) D (19) C (20) B

5.3.3 多选题

(1) ABC (2) BCD (3) ABC (4) ABCD (5) ABC (6) AB (7) ABC (8) BCD (9) ABCD (10) ABCD

6 实验伤害事故的应急处理方法

6.3.1 判断题

(1) 错 (2) 对 (3) 对 (4) 对 (5) 错 (6) 错 (7) 对 (8) 对 (9) 错 (10) 对 (11) 对 (12) 错 (13) 错 (14) 对 (15) 错 (16) 对 (17 对 (18) 对 (19) 错 (20) 错

6.3.2 单选题

(1) D (2) C (3) D (4) A (5) D (6) A (7) B (8) B (9) D (10) D (11) D (12) D (13) D (14) A (15) C (16) A (17) C (18)

D （19）B （20）C

6.3.3 多选题

（1）AB （2）BC （3）ABCD （4）ABCD （5）BCD （6）ABCD （7）ABCD （8）ACD （9）CD （10）ABC

参考文献

[1] 孙尔康，张剑荣．高等学校化学化工实验室安全教程［M］．南京：南京大学出版社，2015.

[2] 黄凯，张志强，李恩敬．大学实验室安全基础［M］．北京：北京大学出版社，2012.

[3] 何晋浙．高校实验室安全管理与技术［M］．北京：中国计量出版社，2009.

[4] 北京大学化学与分析工程学院实验安全技术教学组．化学实验室安全知识教程［M］．北京：北京大学出版社，2012.

[5] 郑月．化学分析实验室常见事故的急救与应急处理［J］．广州化工，2014，42（22）：232-234.

[6] 黄来．突发化学中毒事故紧急医疗救援应重视的问题［J］．疾病防控，2013，20（14）：159-160.

[7] 王国清，赵翔．实验室化学安全手册［M］．北京：人民卫生出版社，2012.

[8] 夏玉宇．化学实验室手册（第三版）［M］．北京：化学工业出版社，2015.

[9] 关如牡，黄建钦，占卫华．实验室化学废弃物处理方法探讨［J］．中国卫生检验杂志，2006，16（5）：612-613.

[10] 周海涛，陈敬德，周勤．高校实验室化学废弃物回收处置［J］．实验室研究与探索，2012，31（8）：460-262.

[11] 杨江红．实验室废弃物处理方法探讨［J］．广东化工，2014，41（12）：161-163.

[12] 冯建跃．高校实验室化学安全与防护［M］．杭州：浙江大学出版社，2012.

[13] 冯建跃．高等学校实验室安全制度选编［M］．杭州：浙江大学出版社，2016.

[14] 鲍敏秦，张原，张双才．高校化学实验室安全问题及管理对策探究［J］．实验技术与管理，2012，29（1）：188-191.

[15] 温光浩，周勤，陈敬德．赵艳娥高校实验室安全管理之思考［J］．实验技术与管理，2012，29（12）：5-8.